联合资助
东华理工大学教材建设基金资助项目
自然资源部海洋环境探测技术与应用重点实验室开放基金（MESTA-2020-A002）
东华理工大学一流学科建设基金
江西省重点研发计划项目（20212BBE53031）
江西省高校教改课题

测量学基础

CELIANGXUE JICHU

王建强　薛剑锋　赵宝贵
陈本富　刘向铜　肖根如　编著

中国地质大学出版社
ZHONGGUO DIZHI DAXUE CHUBANSHE

内容提要

本教材是为非测绘类专业编写的教材，系统阐述了测量学的基本概念、基础理论、主要技术以及最新前沿问题，主要内容是确定地面特征点的空间信息。本书共有 11 章，主要介绍测量学基础知识以及在各领域中的应用：第 1 章为绪论，说明了测量学的研究对象、主要作用、基本工作和发展趋势；第 2—4 章介绍了测量学的基本元素以及相应的测量原理和技术；第 5 章为测量误差基本原理，是在数据处理中经常应用的内容；第 6 章为控制测量，是测量学中的难点内容；第 7—8 章为测量学最新技术，其中 GNSS 技术是测量学中最具有技术含量的内容，也是应用最广泛的技术，其应用越来越智能化；第 9—10 章为大比例尺地图基础知识和主要应用，是非测绘类专业学习的重点内容；第 11 章为工程测量的基本工作，是对前文技术的具体应用。本书的第 1、2、3 章由王建强、薛剑锋(长江水利委员会水文局长江口水文水资源勘测局高级工程师)编写，第 4、6、9 章由赵宝贵编写，第 5、11 章由陈本富编写，第 7 章由肖根如、薛剑锋编写，第 8 章由薛剑锋编写，第 10 章由刘向铜编写。薛剑锋对全书进行了审核。由于面向非测绘类专业学生，本教材简化了部分测量学基础知识点，删除了一些过时的测量技术内容。限于作者水平，书中难免有不当之处，敬请各位读者批评指正。

图书在版编目(CIP)数据

测量学基础/王建强等编著. —武汉：中国地质大学出版社，2023.5
ISBN 978-7-5625-5584-1　　(2024.7 重印)

Ⅰ.①测…　Ⅱ.①王…　Ⅲ.①测量学　Ⅳ.①P2

中国国家版本馆 CIP 数据核字(2023)第 075122 号

测量学基础　　王建强　薛剑锋　赵宝贵　陈本富　刘向铜　肖根如　**编著**

责任编辑：舒立霞　　选题策划：舒立霞　　责任校对：何澍语

出版发行：中国地质大学出版社(武汉市洪山区鲁磨路 388 号)　　邮编：430074
电　　话：(027)67883511　　传　　真：(027)67883580　　E-mail：cbb@cug.edu.cn
经　　销：全国新华书店　　http://cugp.cug.edu.cn

开本：787 毫米×1 092 毫米　1/16　　字数：269 千字　　印张：10.5
版次：2023 年 5 月第 1 版　　印次：2024 年 7 月第 2 次印刷
印刷：湖北睿智印务有限公司

ISBN 978-7-5625-5584-1　　定价：36.00 元

目　录

第1章 绪 论

1.1 测量学的研究对象及其作用

测量学是研究地球的形状、大小以及地球表面各种形态的科学。其任务主要为:确定地球的形状和大小;确定地面点的平面位置和高程;将地球表面的起伏状态和其他信息测绘成图。随着社会生产的发展和科学技术的进步,测量学发展成多个分支,举例如下。

大地测量学——研究在地球表面大范围内建立全球参考框架、国家大地控制网,精确测定地球形状与大小以及地球重力场的理论、技术和方法的学科。随着卫星定位技术的发展,大地测量学不仅为空间科学和军事服务,还将为研究地球的形状、大小以及地表形变和地震预报等提供可靠的资料。

地形测量学——研究将地球表面的起伏状态和其他信息测绘成图的理论、技术和方法的学科。各种比例尺地形图的测绘为社会发展的规划设计提供了重要的资料。随着社会和经济的发展,地籍测量和房地产测量也得到迅猛发展,为地籍管理和房地产管理提供了有力的保障。

摄影测量学——研究利用摄影像片、计算机等手段测定物体的形状、大小及其空间位置的学科。由于摄影像片包含的信息全面细致,现已广泛应用于其他科学领域。根据获取像片方式的不同,又分为地面摄影测量、航空摄影测量、航天摄影测量、水下摄影测量等。

工程测量学——研究各项工程建设在规划设计、施工和竣工运营阶段所进行的各种测量工作的学科。它把各种测量理论应用于不同的工程建设,并研究各种测量新技术和新方法。

地图制图学——研究地图及其制作理论、工艺和应用的学科。根据已测得的成果成图,编制各种基本图和专业地图,完成各种地图的复制和印刷出版。

测量学在我国现代化建设中至关重要,它不仅体现在国防建设中,更多体现在地质采矿、农田水利、交通运输及各种城市建设工程中,还体现在对地震、滑坡等灾害的监测和预测中。从工程建设的角度出发,它的作用主要表现在工程建设的3个阶段,即规划设计阶段提供所需的地形资料和地形图,施工阶段进行必要的施工放样与施工监测,运营阶段进行建筑物的稳定性监测和变形情况分析。

测量学是一门古老的学科。相传早在公元前21世纪夏禹治水时,就已采用了准、绳、规、矩等简单的测量工具;公元前18世纪,古埃及就进行过土地丈量。后来发明的望远镜、显微镜和水准器,以及三角测量学的应用和地图投影技术的改进,大大推动了测量学的发展。特别是近几十年,电子学和空间技术的飞速发展,使测量技术逐步趋于数字化和自动化,数据处理趋于程序化。当前，测量学这门历史悠久的学科已焕发出新的活力。

1.2 地球的形状与大小

测量工作是在地球表面上进行的，要确定地面点之间的相互关系，将地球表面测绘成图，需了解地球的形状和大小，这也是测量学研究的重要内容之一。

地球的自然表面高低起伏，是个复杂的不规则表面。海洋面积约占地球表面积的71%，而陆地约占29%。世界上最高的珠穆朗玛峰高出海平面8 848.86m(2020年珠峰测量结果)，最低的马里亚纳海沟低于海平面11 022m。地球的半径约为6371km，故地表起伏相对于庞大的地球来说是微不足道的。由于地球表面上大部分为海洋，所以海水所包围的形体基本表示了地球的形状。假想有一个静止的海水面，向陆地延伸形成一个封闭的曲面，这个曲面称为水准面。由于海水面受潮汐影响而有涨有落，所以确定的水准面有无数个。为此，人们在海滨设立验潮站，通过长期观测，求出通过平均高度的一个海水面，并将这个海水面向陆地延伸所形成的一个封闭曲面称为大地水准面。大地水准面所包围的形体称为大地体，大地体即代表地球的一般形状。

由于地球表面起伏不平和地球内部质量分布不均匀，地面上各点的铅垂线方向呈现出不规则的变化，大地水准面仍然是一个十分复杂和不规则的曲面，约有200m起伏，目前尚不能用数学模型准确表达，在这个曲面上也很难进行有关的测量计算。为了测量计算和制图方便，人们选择一个非常接近大地水准面且能用数学模型表达的曲面代替大地水准面，这个曲面称作参考椭球面。参考椭球面所包围的数学形体称作参考椭球体。参考椭球体是由参考椭圆绕其短轴旋转而成的规则形体，其形状和大小由椭球参数长半径、短半径和扁率决定。经过长期的研究，目前椭球体参数已经很精确，我国目前采用的CGCS2000坐标系：$a=6\ 378\ 137\text{m}$，$b=6\ 356\ 752.314\ 1\text{m}$，$\alpha=1/298.257\ 222\ 101$。

1.3 地面点位置的表示方法

测量学上，地面点的空间位置通常采用坐标和高程来表示，确定地面点的坐标和高程是测量工作的主要任务之一。

1.3.1 测量坐标系

1)地理坐标

地面点的位置如果用经度和纬度表示，则称为地理坐标。经度通常用L表示，纬度用B表示。如图1-1所示，地面一点P沿椭球法线延伸到椭球的距离为H，在地球椭球上的地理坐标表现为(L,B,H)。N和S分别为地球的北极和南极，NS为地球的自转轴，又称地轴。通过地轴和地球表面上任一点P点的平面，称为过P点的子午面。子午面与地球表面的交线称为子午线，又称经线。按照国际天文学会规定，通过英国格林尼治天文台的子午面称为起始子午面，起始子午面和地球表面的交线称为起始子午线。以起始子午面作为计算经度的起点，过任一点P的子午面与起始子午面之间的夹角L即为P点的经度，向东从0°～180°称东经，向西从0°～180°称西经。过P点的法线与赤道面之间的夹角B即为P点的纬度，赤道以北从 0°～90°称北纬，赤道以南从 0°～90°称南纬。若点的经度和纬度已知，则该点在地球椭球面上的位置即已确定。

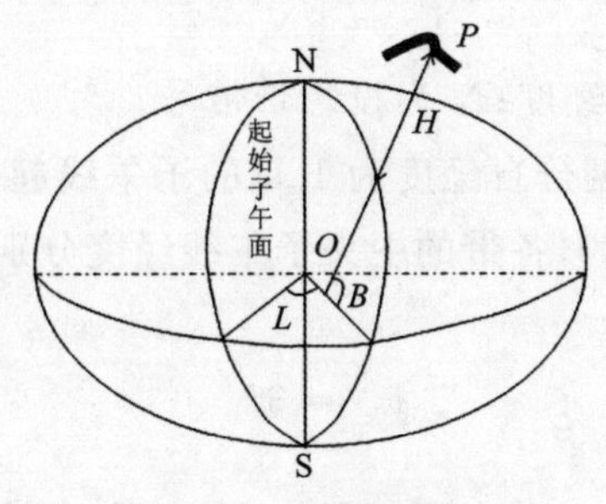

图 1-1　地球椭球

2)高斯平面直角坐标

地球椭球是一个曲面，在进行大区域测图时，将椭球面上的图形投影到平面上必然会产生变形，这些变形包括角度变形、长度变形和面积变形，统称为地图投影变形。地图投影的方法有等角投影(又称正形投影)、等积投影和任意投影等多种。我国采用高斯正形投影，简称为高斯投影。

高斯投影是将地球套于一个空心横圆柱体内，圆柱体的轴心通过地球的中心，地球上某一条子午线(称为中央子午线)与圆柱体相切，如图 1-2 所示。按正形投影方法将中央子午线左右两侧各 3°或 1.5°范围内的图形元素投影到椭圆柱体表面上，再将椭圆柱面表面沿两条母线剪开展平，即将椭圆柱面上每 6°或 3°的经纬线转换成平面上的经纬线。

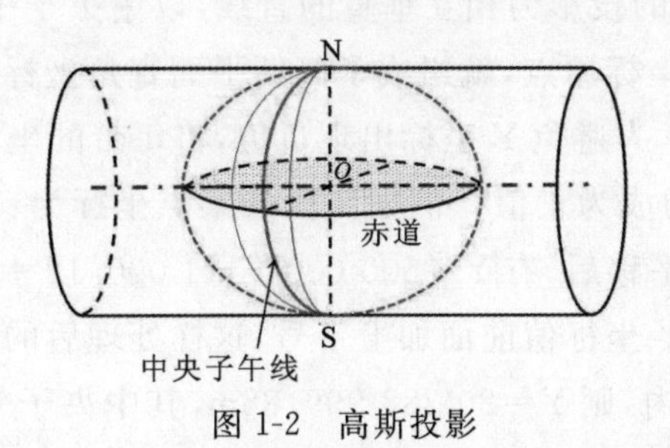

图 1-2　高斯投影

这种投影具有如下性质：

(1)中央子午线投影为一条直线，且长度没有发生变形，其余的子午线凹向对称于中央子午线，且较球面上对应的子午线略长。距离中央子午线越远，长度变形越大。

(2)赤道也投影为一条直线，其余纬线凸向对称于赤道。

(3)中央子午线和赤道投影后为相互垂直的直线，其他经纬线投影后也保持相互垂直的性质。

高斯投影后角度无变化，但长度发生了变化，且离开中央子午线越远变形越大。为了使长度变形能够满足测图精度的要求，需采用缩小范围的分带投影来控制变形量。目前，主要以经差 3°或 6°将整个地球划分为 120 个或 60 个投影带，相应地称为 3°带和 6°带。

如图 1-3 上部所示，6°带的划分是从起始子午线(零度)开始，自西向东每隔 6°分为 1 带，其投影带编号顺序为1、2、…、60，每带中央子午线的经度顺序为3°、9°、15°、…、357°，中央子午线经度与投影带带号的关系为

$$L_0 = 6N - 3 \tag{1-1}$$

式中：L_0为投影带中央子午线的经度；N为投影带带号。

如图1-3所示，3°投影带的划分自经度为1.5°的子午线起，自西向东以经差3°分为1带，其投影带顺序编号为1、2、…、120，各带的中央子午线经度分别为3°、6°、9°、…、360°，中央子午线经度与投影带带号的关系为

$$L_0 = 3N \tag{1-2}$$

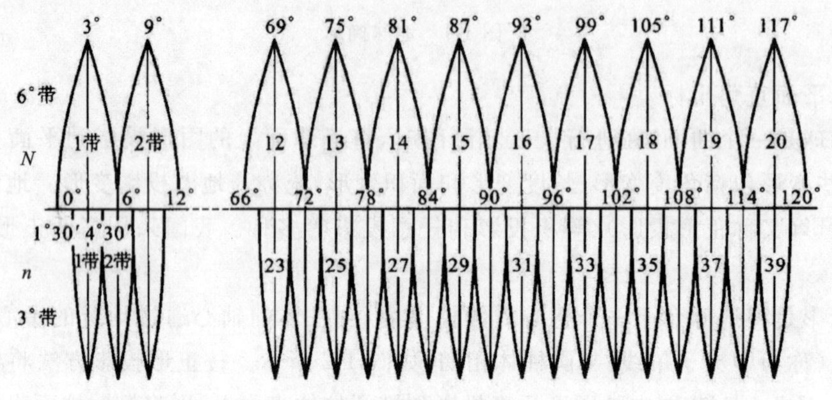

图1-3　投影分带

由于中央子午线和赤道的投影为相互垂直的直线，以中央子午线的投影为X轴，赤道的投影为Y轴，两轴的交点为坐标原点，就组成了高斯平面直角坐标系。我国位于北半球，X坐标均为正，Y坐标有正有负。为避免Y坐标出现负值，将每带的坐标原点向西移动500km，这样每一带中各点的Y坐标均成为正值。例如江西省某点坐标为：$X=+2\ 800\ 123.52$m，$Y=-111\ 000.12$m。坐标原点平移后，有$Y=500\ 000-111\ 000.12=388\ 999.88$m。为区分地面点属于哪一个投影带，再在$Y$坐标值前面加上带号，这样处理后的坐标称为通用坐标。例如，如果B点位于6°带第20带内，则$Y=20\ 388\ 999.88$m，其中央子午线经度为117°；当采用3°带时，B点则位于第39带，则$Y=39\ 388\ 999.88$m。

我国于1954年建成了国家平面控制网，在全国实现了统一的高斯平面直角坐标系统，称为1954年北京坐标系。该坐标系实际上是沿用苏联1942年的坐标系，由于该坐标系与我国的实际情况相差较大，后于1980年将大地原点设在陕西省泾阳县永乐镇，建成了新的国家平面控制网，并命名为1980年国家坐标系。随着社会的进步，国民经济建设、国防建设和社会发展、科学研究等对国家大地坐标系提出了新的要求，迫切需要采用原点位于地球质量中心的坐标系统（以下简称地心坐标系）作为国家大地坐标系。采用地心坐标系，有利于采用现代空间技术对坐标系进行维护和快速更新，测定高精度大地控制点三维坐标，并提高测图工作效率。2008年3月，由国土资源部正式上报国务院《关于中国采用2000国家大地坐标系的请示》，并于2008年4月获得国务院批准。现在全国均采用2000国家大地坐标系。

3)平面直角坐标

平面直角坐标系又称为独立坐标系。当测图范围较小时,可以把该区域的球面视为平面,将地面点直接沿铅垂线方向投影到水平面上,以相互垂直的纵、横轴建立平面直角坐标系。纵轴为 X 轴,向上(北)为正,向下(南)为负;横轴为 Y 轴,向右(东)为正,向左(西)为负;X 轴和 Y 轴的交点 O 为坐标原点;坐标象限自纵轴北方向起顺时针编号。当采用独立坐标系作为测绘某区域地形图的坐标系统时,为避免坐标出现负值,通常取该区域外缘的西南点作为坐标原点,并设法使 X 轴的正方向近似于实际的北方向。

1.3.2 高程

确定地面上一点的空间位置,除了其平面位置外,还需要高程。高程分为绝对高程和相对高程。

1)绝对高程

地面上一点沿铅垂线方向到大地水准面的距离,称为该点的绝对高程,简称高程或海拔。绝对高程一般用 H 表示,如图 1-4 中的 H_A 和 H_B。

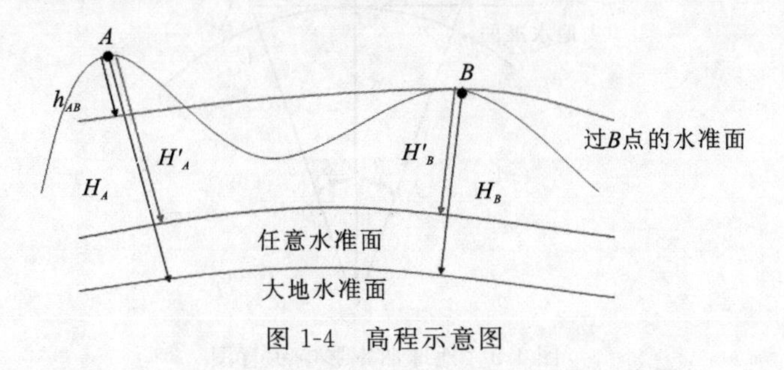

图 1-4 高程示意图

2)相对高程

地面上一点沿铅垂线方向到任意水准面的距离,称为该点的相对高程,或称假定高程。如图 1-4 中的 H'_A 和 H'_B 。两点的高程之差称为高差,图 1-4 中 A、B 两点之间的高差为 h_{AB} ,h_{AB} 计算公式如下

$$h_{AB} = H_A - H_B \tag{1-3}$$

3)高程系统

1980 年以前,我国主要采用 1956 年黄海高程系,它利用青岛验潮站 1950—1956 年观测资料求得的黄海平均海水面作为高程基准面。因观测时间较短,准确性较差,后改用 1953—1979 年间的观测资料重新推算,并命名为 1985 年国家高程基准。国家水准原点设于青岛市观象山,水准原点在 1956 年黄海高程系中的高程为 72.289m,在 1985 年国家高程基准中的高程为 72.260m,两者相差 0.029m。我国在 1949 年以前曾采用过以不同地点的平均海水面作为高程基准面,建立了不同的高程系统。由于高程基准面不同,因此在收集和使用高程资料时,应注意水准点所在的高程系统,不可混用。

1.4 地球曲率对测量工作的影响

当进行大区域测量工作时,应当把地球表面看作球面。当测区的面积较小时,又可以把

球面视为平面，其结果仍能满足精度要求。这里需要一个假设，即把大地水准面近似为一个球面，半径为 $R=6371\text{km}$。

1.4.1 地球曲率对水平距离的影响

如图 1-5 所示，设地面上有两点，在水平面上的投影为 A、C，在球面上的投影分别为 A、B。若以平面上的距离 AB（设为 D）代替球面上的距离 AC（设为 S），其误差为

$$\Delta S = D - S = R\tan\theta - R\theta = R(\tan\theta - \theta) \tag{1-4}$$

将 $\tan\theta$ 用级数展开，并取级数前两项，则上式变为

$$\Delta S = \frac{R}{3}\theta^3 \tag{1-5}$$

相对误差为

$$\frac{\Delta S}{S} = \frac{R}{3S}\left(\frac{S}{R}\right)^3 = \frac{S^2}{3R^2} \tag{1-6}$$

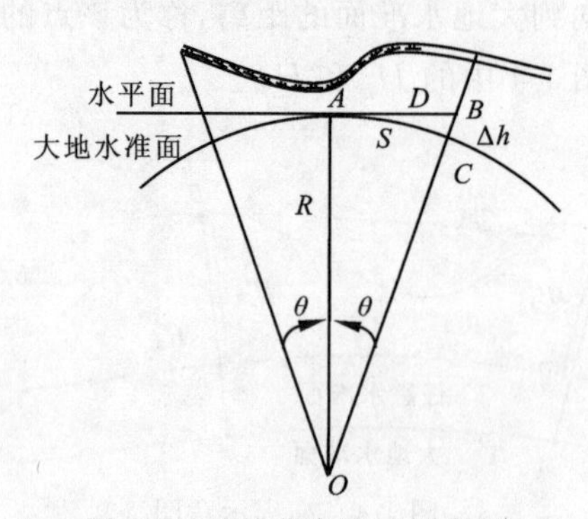

图 1-5　地球曲率影响示意图

以不同的值代入式(1-6)求得相应的距离误差和相对误差值，列于表 1-1。由表 1-1 中可看出，当距离为 10km 时，用水平面代替水准面产生的相对误差为 1/120 万，这个误差小于目前精密量距的允许误差，因此在半径小于 10km 的区域内，地球曲率对水平距离的影响可以忽略不计，即可以用水平面代替水准面。

表 1-1　地球曲率对水平距离的影响

距离 S/km	距离误差 ΔS/cm	相对误差 $\Delta S/S$
8	0.4	1/200 万
9	0.6	1/150 万
10	0.8	1/120 万
11	1.1	1/100 万
12	1.4	1/80 万
13	1.8	1/70 万
14	2.3	1/60 万

1.4.2 地球曲率对高程的影响

如图 1-6 所示,根据勾股定律

$$(R+\Delta h)^2 = R^2 + D^2 \tag{1-7}$$

用 S 代替 D,则

$$\Delta h = \sqrt{R^2 + S^2} - R \tag{1-8}$$

以不同的距离代入式(1-4),算得相应的误差值,列于表 1-2 中。由表 1-2 可见,对高程测量来说,即使距离很短,也不能忽视地球曲率的影响。

表 1-2 地球曲率对高程的影响

S/km	0.1	0.2	0.3	0.4	0.5	0.6	0.7
Δh /mm	0.8	3.1	7.1	12.6	19.6	28.3	38.5

1.5 测量的基本工作和原则

1.5.1 测量的基本工作

测量学的主要任务之一是研究地面点相互位置关系,即确定地面上点与点之间的平面位置和高程位置的关系。

如图 1-6 所示,设 A、B、C 等为地面上的点,如果 A 点的位置已知,要确定 B 点与 A 点的平面位置关系,不仅要知道 B 点在 A 点的哪一个方向,还要知道 B 点到 A 点之间的水平距离。图 1-6 上 AB 方向可用通过 A 点的北方向与连线 AB 之间的夹角(水平角)来表示,该角称为方位角。如果还要确定 C 点的位置,则要测量 B 点上相邻两条边之间的水平夹角和 B 到 C 之间的水平距离,其他以此类推。

图 1-6 基本测量工作

实地上,A、B、C 等点的高程一般是不同的,因此要确定它们的位置关系,除平面位置外,还要知道它们的高低关系,这样 A、B、C 三点之间的位置关系就确定了。

因此,水平角、水平距离和高程是确定地面点位置关系的 3 个基本几何要素。测量地面点的水平角、水平距离和高程就是测量的基本工作。

1.5.2 测量的基本原则

测量工作包含多项内容,如地形测量、施工测量和变形监测等。无论哪一种测量工作,其目的都是能准确地测量或放样出未知点的平面位置和高程。要测量或放样出许多未知点的平面位置和高程,在一个点上是无法实现的。如图 1-7 所示,在 A 点上只能测量或放样出附近的房屋、道路等平面位置和高程,对于山的另一面或较远的地物就观测不到。此外,对于地形测图来说,总是将一个范围较大的测区划分为若干个小区域进行测量,在保持精度一致的前提下同时平行作业,并要求分散施测的各图幅能拼接成一个整体。要解决这些问题,测量工作中就必须按照一定的原则进行,即“从整体到局部,由高级到低级”,落实到实际工作中就是“先控制测量,后碎部测量”。

控制测量包括平面控制测量和高程控制测量。如图 1-7 所示,根据作业要求和地形条件,在测区内选择一定数量的具有控制作用的地面点 A、B、C、D、E、F 等建立固定的测量标志(标石或觇标等),将这些点按照某种连接关系构成一个控制网,采用满足精度要求的仪器,按照一定的观测方法和要求,测定这些点的平面位置和高程,以控制整个测区。当进行地形测图时,先将这些点按照规定的比例尺展绘到图纸上,然后到实地以这些点为依据,测量出附近的房屋、道路等地物和地貌的特征点,对照实地情况,按照规定的符号描绘成图。当首级控制点的数量不能满足测图需要时,还要根据精度要求,采用一定的方法增加控制点的数量,以满足测图要求。由于控制点之间既相互联系,又彼此独立,即使测图过程中局部出现差错,也不会影响到全局。这个道理也同样适用于施工测量和变形观测。

综上所述,测量基本原则可以概括为总体原则、控制原则、精度原则和技术规范原则。

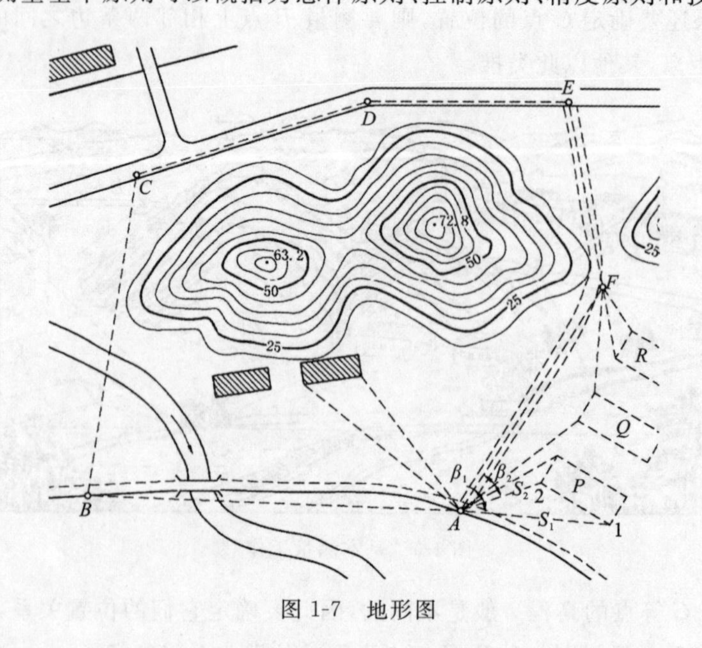

图 1-7　地形图

1.6　测量学的发展趋势

测量学的迅速发展，主要体现在如下方面：①仪器制造业。将趋于重量轻、体积小、功能多、自动化程度高、易于安置和携带、能够全天候作业、耗能低，已生产出了 GNSS 接收机、各种测程的电磁波测距仪、全站仪、超站仪（测量机器人）、移动扫描仪、无人机等。②作业对象。已从常规的地表（地球自然表面、地下一定深度范围）发展到多方面，例如地下矿产资源的卫星遥感测量，其他星体的观测，微粒子的质量、运行轨迹、速度等物理量的测量，侦查学中应用的犯罪痕迹测量（以摄影测量为主）等。③作业方法。已从手工作业，发展到今天的行、测、记、算、绘自动化或者半自动化，大大地降低了劳动强度，加快了作业速度，减少了某些中间作业环节，提高了成果质量。④理论研究方面。理论研究日趋完善。测量技术经历了几何测绘、模拟测绘、数字测绘，正在向智能测绘发展。

思考题

➢ 测量学的研究对象及主要任务是什么？
➢ 什么是水准面和大地水准面？有何区别？
➢ 什么是参考椭球面和参考椭球体？
➢ 如何理解高斯平面直角坐标和平面直角坐标的区别？
➢ 什么是绝对高程和相对高程？使用高程资料时应注意什么？
➢ 如何理解水平面代替水准面的限度问题？
➢ 测量的基本工作和基本原则是什么？

第2章 水准测量

测定地面点高程的方法有水准测量、三角高程测量和GNSS水准等，其中水准测量是测定地面点高程的主要方法。

2.1 水准测量原理

水准测量就是利用水准仪提供的水平视线对竖立在两点上的标尺进行读数，求得两点间的高差，进而推算出地面点的高程。

图2-1中，已知A点高程为H_A，要测定B点的高程H_B。在A、B两点间安置一台水准仪，在A、B两点上各竖立一根有分划的水准标尺，调整水准仪使视线水平，并利用水平视分别读取两标尺上的读数a、b，则A、B两点之间的高差为

$$h_{AB} = a - b \tag{2-1}$$

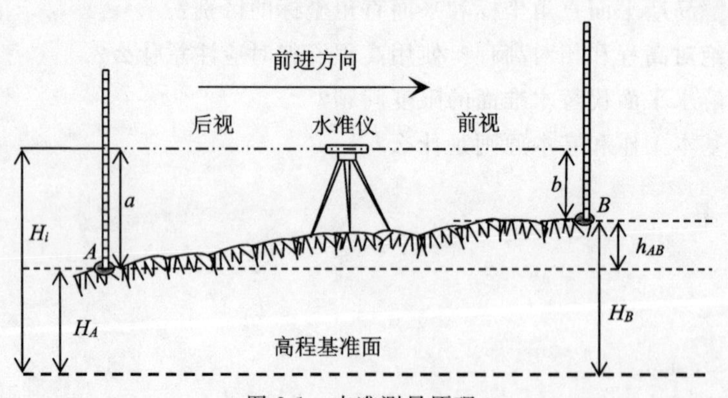

图2-1 水准测量原理

这种将仪器安置在两标尺之间的水准测量，也称为中间水准测量。水准测量路线的方向为从A到B，称A点为后视点，称B点为前视点。点A和点B标尺上的读数分别称为后视读数和前视读数。无论观测方向如何，两点之间的高差总是等于后视读数减去前视读数，高差的正、负号在计算中随之确定，高差为正时，表明B点高于A点，反之则低于A点。高差的正、负号与水准路线的观测方向一致，从理论上讲h_{AB}和h_{BA}应大小相等，符号相反。

B点高程为

$$H_B = H_A + h_{AB} = H_A + a - b \tag{2-2}$$

当地面A、B两点相距较远或高差较大时，安置一次仪器难以测出两点高差，则在两点之间连续设置若干次仪器作为临时传递高程的立尺点，这些立尺点称为转点，每设置一次仪器

称为一个测站，通过每个测站上测得的高差 h_1、h_2、h_3、… 根据式(2-1)求出两点之间的高差，若已知 A 点的高程，则 B 点的高程为

$$H_B = H_A + (a_1 - b_1) + (a_2 - b_2) + \cdots = H_A + \sum (a - b) \tag{2-3}$$

2.2　水准仪及其使用

水准仪是水准测量时用于提供水平视线的仪器。我国对水准仪按精度从高到低分为DS05、DS1和DS3等几种类型，其中符号"D"代表大地测量仪器的总代号，"S"为水准仪汉语拼音的第一个字母，下标是指水准仪所能达到的标称精度，即每千米往返测高差中数中误差(mm/km)。下标数字越小，表示水准仪的标称精度越高。不同的水准测量有不同的精度要求，对投入测量的水准仪类型也有相应的要求，水准测量精度要求越高，对水准仪标称精度的要求就越高。

2.2.1　DS3水准仪

如图2-2所示DS3水准仪由望远镜、水准器和基座3个主要部分组成。仪器通过基座上的连接螺旋与三脚架连接，基座下3个脚螺旋用于仪器的粗略整平。望远镜一侧装有管水准器，当转动微倾螺旋使管水准器气泡居中时，望远镜视线水平。仪器在水平方向的转动，由水平制动螺旋和水平微动螺旋控制。

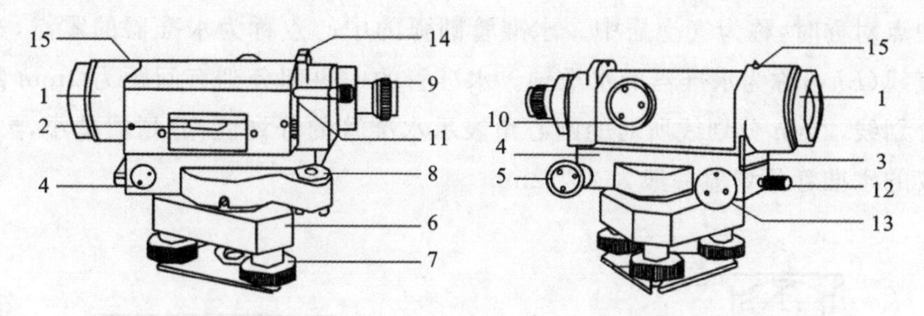

1.望远镜物镜；2.管水准器；3.簧片；4.固定支架；5.微倾螺旋；6.基座；7.脚螺旋；8.圆水准器；9.望远镜目镜；10.物镜调焦螺旋；11.气泡观察镜；12.制动螺旋；13.微动螺旋；14.照门；15.准星。

图2-2　DS3水准仪

1)望远镜

望远镜的基本构造如图2-3所示，它由物镜、对光透镜、十字丝分划板和目镜组成。物镜由一组透镜组成，相当于一个凸透镜。根据几何光学原理，被观测的目标经过物镜和对光透镜后，于十字丝附近成一个倒立实像。由于被观测的目标离望远镜的距离不同，可转动对光螺旋使对光透镜在镜筒内前后移动，使目标的实像能清晰地成像于十字丝分划板上，再经过目镜的作用，使倒立的实像和十字丝同时放大而变成倒立放大的虚像。放大的虚像与眼睛直接看到的目标大小的比值，即为望远镜的放大率。DS3水准仪望远镜的放大倍率约为30倍。

为了使望远镜精确照准目标进行读数，其内装有十字丝分划板，如图2-3所示。图中相

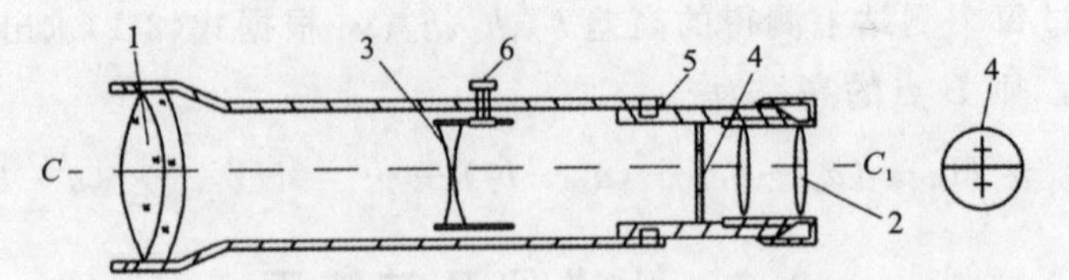

1. 物镜；2. 目镜；3. 调焦透镜；4. 十字丝分划板；5. 连接螺钉；6. 调焦螺旋。

图 2-3　测量望远镜

互正交的两根长丝称为十字丝，其中垂直的一根称为竖丝，水平的一根称为中丝或横丝。横丝上、下方的两根短丝用于距离测量，称为视距丝。

2）水准器

水准器分为圆水准器和管水准器，用于整平仪器。圆水准器如图 2-4 所示，用一个玻璃圆盒制成，装在金属外壳内，所以也称为圆盒水准器。玻璃的内表面磨成球面，中央刻一个小圆圈或两个同心圆，圆圈中点和球心的连线称为圆水准轴。当气泡位于圆圈中央时，圆水准轴处于铅垂状态。普通水准仪圆水准器分划值一般是 8′/2mm。圆水准器的轴线和仪器的竖轴相互平行，所以当圆水准器气泡居中时，表明仪器的竖轴已基本处于铅垂状态。但由于圆水准器的精度较低，所以它主要用于仪器的粗略整平。

管水准器也称符合水准器或水准管，如图 2-5 所示。它是用一个内表面磨成圆弧的玻璃管制成，玻璃管内注满酒精和乙醚的混合物，通过加热和冷却等处理后留下一个小气泡，当气泡与圆弧中点对称时，称为气泡居中。水准管圆弧的中心点称为水准器的零点，过零点和圆弧相切的直线（LL_1）称为水准器的水准轴。水准管的中央部分刻有间距为 2mm 的与零点左右对称的分划线，2mm 分划线所对的圆心角表示水准管的分划值，分划值越小，灵敏度越高。DS3 水准仪的水准管分划值一般为 20″/2mm。

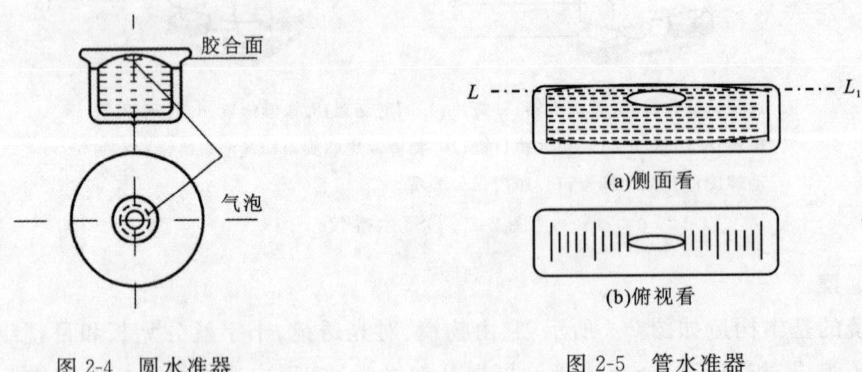

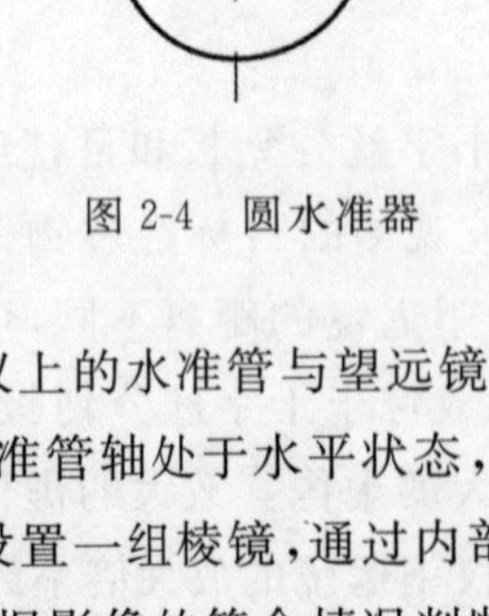

图 2-4　圆水准器

图 2-5　管水准器

水准仪上的水准管与望远镜连在一起，水准管轴与望远镜的视准轴平行，当水准管气泡居中时，水准管轴处于水平状态，望远镜也就得到一条水平视线。目前生产的水准仪都在水准管上方设置一组棱镜，通过内部的折光作用，可以从望远镜旁边的小孔中看到气泡两端的影像，并根据影像的符合情况判断仪器是否处于水平状态。

2.2.2　水准标尺和尺垫

与 DS3 水准仪配套使用的标尺，常用干燥而良好的木材或玻璃钢制成。尺的形式有直尺、折尺和塔尺，如图 2-6 所示。一般用于三、四等水准测量和图根水准测量的标尺是长度整 3m 的双面（黑面和红面）木质标尺，黑面为黑白相间的分格，红面为红白相间的分格，分格值均为 1cm。尺面上每 5 个分格组合在一起，每分米处注记阿拉伯数字。

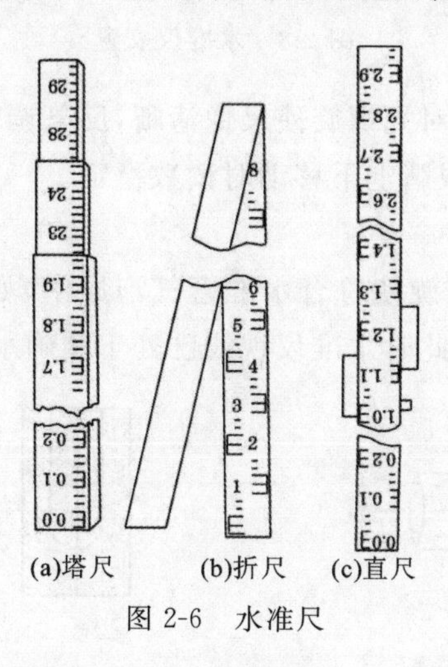
(a)塔尺　(b)折尺　(c)直尺

图 2-6　水准尺

尺垫也称尺台，其形式主要有三角形和圆形，如图 2-7 所示。尺垫用于转点上，每对标尺配有两个尺垫。测量时为防止标尺下沉，通常将尺垫踩入土中，再把标尺竖立在尺垫的半圆球顶上。

2.2.3　水准仪的使用

1）安置水准仪

支开三脚架并使架头大致水平，踩紧三脚架，将水准仪放在架头上，旋紧中心连接螺旋使之固定。为保证仪器的稳定与安全，三脚架张开的幅度不宜太大，也不宜过小。

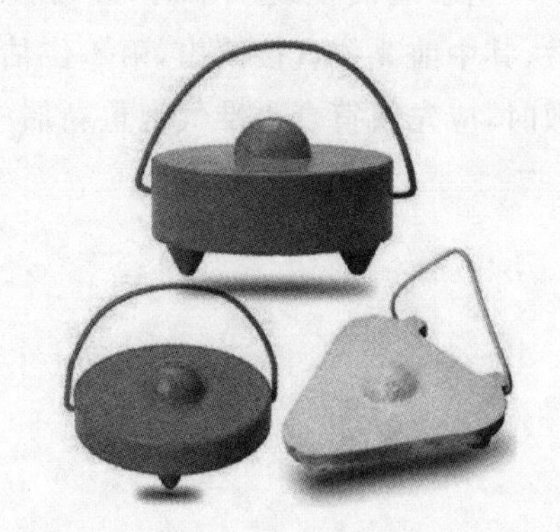

图 2-7　尺垫

2）粗略整平

利用水准仪的 3 个脚螺旋使圆水准气泡居中，整平方法如图 2-8 所示。用双手按图 2-8(a)箭头所指方向同时转动一对脚螺旋，使气泡移到中央位置，再按图 2-8(b)旋转第 3 个脚螺旋，使圆水准气泡居中，此时水准仪已粗略整平。

3）照准标尺

如图 2-9 所示，照准标尺读数时，若对光不好，尺像不会落在十字丝分划板上，这时眼睛在目镜端从 1 点移到 2 点和 3 点，十字丝交点在水准尺上读数相应为 1′、2′和 3′，即眼睛上下移动，读数随之变化，这种现象称为十字丝视差。因此，在照准标尺读数前，应调节目镜调焦

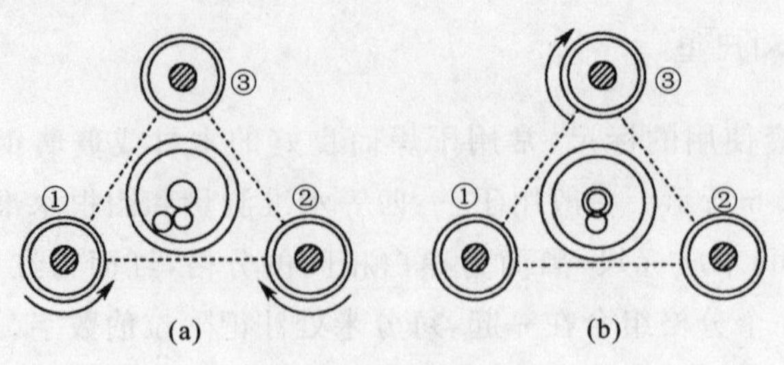

图 2-8 水准仪安置

螺旋使十字丝清晰，再调节物镜对光螺旋使尺像清晰，反复调节两螺旋，直至十字丝和水准尺成像均清晰，此时视差已消除，眼睛上下移动时读数稳定。

4)精确整平

每次读数前，要调节微倾螺旋使符合水准管气泡居中，如图 2-10 所示，最左边图是居中状态，右边两个图则需要调整。此时水准仪视线已处于精确水平状态。

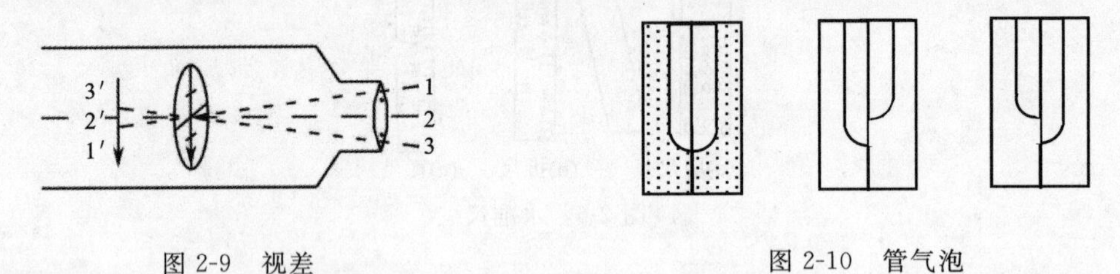

图 2-9 视差　　　　图 2-10 管气泡

5)读数

当水准仪视线水平时，即可读取望远镜中丝在标尺上的读数。读数时由大往小读 4 位数，其中前 3 位直接读出，第 4 位估读。图 2-11 中，水准尺的读数为 1345，照准另一根标尺读数时，应先使符合水准气泡重新居中，然后再进行中丝读数。

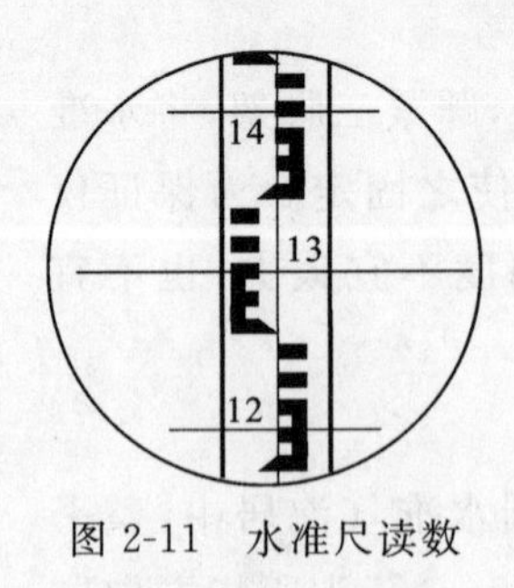

图 2-11 水准尺读数

2.2.4 精密水准仪介绍

DS3 水准仪属于普通水准仪，其精度只能用于三等及三等以下的水准测量。以下介绍的几种精密水准仪可以用于二等及以上精密水准测量。

1)DS1 精密水准仪

如图 2-12 所示为北京测绘仪器厂生产的 DS1 精密水准仪，与之配套使用的是分格值为

5mm 的精密水准标尺。

2)自动安平水准仪

Koni007 是一种自动安平水准仪，当圆水准器气泡居中后即可进行观测，其外形如图 2-13 所示。这种仪器与一般卧式水准仪不同，呈直立圆筒状，在同样的情况下其视线离地面较一般的卧式水准仪要高，有利于减弱地面折光的影响，再加上自动安平的优点，使用起来非常方便。

图 2-12　DS1 水准仪

图 2-13　Koni007 自动安平水准仪

3)数字水准仪

数字水准仪是 20 世纪 90 年代发展的水准仪，集光机电、计算机和图像处理等高新技术为一体，是现代科技最新发展的结晶。不仅操作简单，效率也大大提高，需要配套水准尺(图 2-14)。

图 2-14　数字水准仪

2.3　水准测量的基本方法

国家高程控制网按精度由高到低分为 4 等，一、二等高程控制网是国家高程控制的基础，三、四等则主要用于地形测量和工程测量的高程控制。等外水准测量精度上低于四等水准测量，主要用于地形测图中的图根高程控制和一般的工程测量。本节主要介绍等外水准测量的基本方法。

2.3.1　水准路线的布设形式

水准路线根据不同的情况和要求，可布设成闭合水准路线、附合水准路线、支水准路线和水准网等形式。

1)闭合水准路线

如图 2-15(a)所示,由一个已知高程的水准点起,沿一条环形路线进行水准测量,最后又回到该起点,这种水准路线称为闭合水准路线。

2)附合水准路线

如图 2-15(b)所示,由一个已知高程的水准点起,沿一条路线进行水准测量,最后连测到另一个已知高程的水准点上,这种水准路线称为附合水准路线。

3)支水准路线

如图 2-15(c)所示,由一个已知高程的水准点起,沿一条路线进行水准测量,既不回到起点,也不连测到另一个已知高程的水准点上,这种水准路线称为支水准路线。

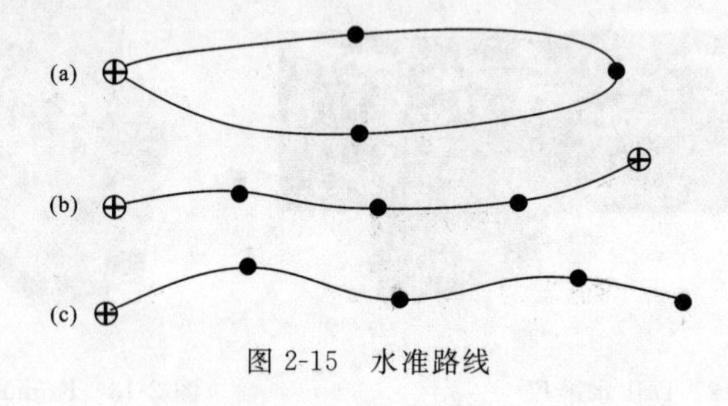

图 2-15　水准路线

4)水准网

如图 2-16 所示,由几条单一的水准路线彼此相连成网状,这种形式的水准路线称为水准网。水准网中单一水准路线之间相互连接的点称为结点。

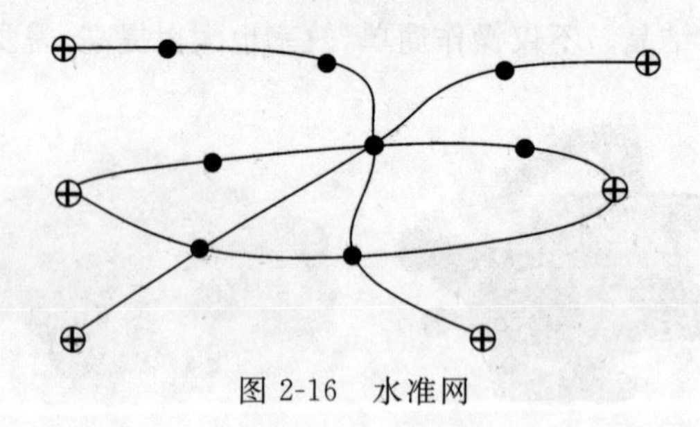

图 2-16　水准网

2.3.2　水准测量的外业实施

前已述及,当两点相距较远或高差较大时,需连续设站,依次测量各段高差,再计算两点之间的高差。

如图 2-17 所示,水准路线的前进方向由 A 到 B。测量时,先将一根标尺竖立在已知水准点 A 上作为后视点,在适当位置选择第一个转点 $T1$ 竖立另一根标尺作为前视点,在两标尺之间近于 1/2 的地方安置水准仪,调节脚螺旋高度使圆水准气泡居中,望远镜瞄准后视标尺,制动水准仪,消除视差,调节微倾螺旋使符合水准管气泡严格居中,用中丝读取后视读数,记入观测手簿;松开制动螺旋,望远镜瞄准前视标尺,依同样方法测、记前视读数,并及时计算出该测站的高差。

第一测站测完并检核无误后,前视标尺位置不动并作为第二测站的后视标尺,原后视标

尺移到 $T2$ 点作为前视标尺，水准仪置于中间进行第二测站观测与记录。依此类推，直至观测到另一固定点水准测量的记录与计算示例如表 2-1 和表 2-2 所示。值得一提的是，两个固定点之间应尽可能安排成偶数站，理由将在后续章节中阐述。

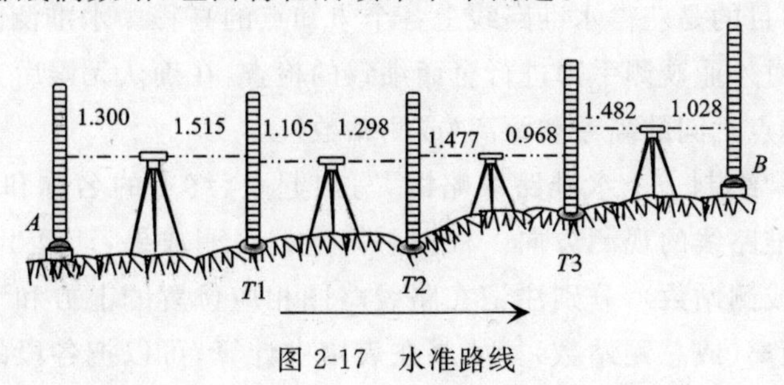

图 2-17　水准路线

表 2-1　水准记录

测站	后尺 下丝 上丝 后视距 视距差	前尺 下丝 上丝 前视距 $\sum d$	方向及尺编号	标尺读数 黑面	标尺读数 红面	黑＋K－红	高差中数/m
1	1377	1591	后	1300	6088	－1	－214.5
	1223	1438	前	1515	6202	0	
	15.4	15.3	后－前	－215	－114	－1	
	0.1	0.1					
2	1191	1386	后	1105	5792	0	－193
	1019	1211	前	1298	6085	0	
	17.2	17.5	后－前	－193	－293	0	
	－0.3	－0.2					

表 2-2　附合水准路线计算表

测站编号	测点	距离 L/km	实测高差/m	改正数/mm	改正后高差/m	高程/m	备注
	A					70.221	测量系教研室
1		0.50	－0.215	6	－0.209		
	$T1$					70.012	
2		0.75	－0.193	10	－0.183		
	$T2$					69.829	
3		0.52	0.509	7	0.516		
	$T3$					70.345	
4		0.63	0.454	8	0.462		
	B					70.807	
$\sum$		2.40	0.555				
辅助计算	闭合差：$f_h=\sum h-(H_B-H_A)=0.555-(70.807-70.221)=-0.031(\text{m})$； 容许误差：$f_{允}=40\sqrt{L}=40\sqrt{2.4}=61.97(\text{mm})>31(\text{mm})$合格； 每千米高差改正数：$v_i=-\frac{f_h}{L}=-\frac{-0.031}{2.4}=0.0129(\text{m})$						

2.3.3 水准测量的内业计算

水准测量的最终目的是获得水准路线上各个未知点的高程。水准测量外业观测结束后，在内业计算前，必须对外业观测手簿进行全面细致的检查，在确认无误后方可进行内业计算。

1)计算相邻固定点之间的高差和距离(或测站数)

为计算方便，通常绘制一个水准路线略图，写出起点、终点的名称和沿线各固定点的点号，并用箭头标出水准路线的观测方向。根据手簿上的观测成果，计算出沿线各相邻固定点之间的高差和距离(或测站数)，分别注记在路线略图相应位置的上方和下方，最后计算水准路线的总高差和总距离(或总测站数)。如果在表格中计算，可以把各段的高差和距离(或测站数)填在表格的相应位置。

2)计算水准路线的高差闭合差和允许闭合差

闭合水准路线实测的高差总和 $\sum h_{测}$ 应与理论值 $\sum h_{理}$ 相等，都应等于零。但由于测量中不可避免地带有误差，观测所得的高差之和不一定等于零，其差值称为高差闭合差，若用 f_h 表示高差闭合差，则

$$f_h = \sum h_{测} - \sum h_{理} = \sum h_{测} \tag{2-4}$$

附合水准路线实测的高差总和 $\sum h_{测}$ 理论上应与两个水准点的已知高差($H_{终} - H_{始}$)相等。同样，由于观测误差的影响，$\sum h_{测}$ 与 $\sum h_{理}$ 不一定相等，其差值称为高差闭合差，即

$$f_h = \sum h_{测} - \sum h_{理} = H_{始} + \sum h_{测} - H_{终} \tag{2-5}$$

支水准路线因无检核条件，一般采用往返观测。支水准路线往测的高差总和 $\sum h_{往}$ 与返测的高差总和 $\sum h_{返}$ 理论上应大小相同，符号相反，即往、返测高差的代数和应为零。同样，由于测量含有误差，其代数和不为零，产生高差闭合差，即

$$f_h = \sum h_{往} + \sum h_{返} \tag{2-6}$$

高差闭合差的大小反映观测成果的质量。闭合差允许误差的大小与水准测量的等级有关，对于等外水准测量可以根据下式计算：

$$\begin{aligned} f_{允} &= \pm 40\sqrt{L}(\mathrm{mm}) \\ f_{允} &= \pm 10\sqrt{n}(\mathrm{mm}) \end{aligned} \tag{2-7}$$

式中：L 为水准路线总长(km)；n 为测站总数。

如果高差闭合差不超过允许闭合差，可进行后续计算。如果高差闭合差超过允许闭合差，应先检查已知数据有无抄错，再检查有关计算有无错误。当确认内业计算无误后，应根据外业测量中的具体情况，分析可能产生较大误差的测段并进行复测检查，直到满足高差闭合差的限差要求。

3)计算高差改正数

水准路线的高差闭合差在实际测量中是难以避免的，其大小主要是由各测站的观测误差

累积而成,水准路线越长或测站数越多,累积误差就可能越大,也就是说,误差与路线长度或测站数成正比。有了闭合差,就要进行闭合差调整。高差闭合差调整的方法是:将高差闭合差反号,按距离或测站数成正比分配到各段高差观测值中。每段所分配的量值称为高差改正数,计算公式为

$$v_i = -\frac{f_h}{\sum l_i} \cdot l_i$$
$$v_i = -\frac{f_h}{\sum n_i} \cdot n_i \quad (2\text{-}8)$$

式中:$\sum l_i$ 为水准路线总长(km);l_i 为第 i 段长度($i=1,2,\cdots$)(km);$\sum n_i$ 为测站总数;n_i 为第 i 段测站数;v_i 为第 i 段高差改正数。

根据上述公式算得的高差改正数的总和应当与闭合差大小相等,符号相反,这是计算过程中的一个检核条件。在计算中,若因尾数取舍问题而不符合此条件,可通过适当取舍使之符合条件。

4)计算改正后的高差

各测段的观测高差加上各测段的高差改正数,就等于各测段改正后的高差,计算公式如下

$$\hat{h}_i = h_i + v_i \quad (2\text{-}9)$$

式中:$\hat{h}_i$ 为改正后的高差;h_i 为高差观测值。

对于支水准路线,各测段改正后的高差,其大小取往测和返测高差绝对值的平均值,符号与往测相同。

5)计算各点的高程

用水准路线起点的高程加上第一测段改正后的高差,即等于第一个点的高程。用第一个点的高程加上第二测段改正后的高差,即等于第二个点的高程。依此类推,直至计算结束。对于闭合水准路线,终点的高程应等于起点的高程;对于符合水准路线,终点的高程应等于另一个已知点的高程;支水准路线无检核条件,计算过程中应特别细心。

2.4 水准仪的检验

利用水准仪进行水准测量时,水准仪必须能够提供一条水平视线。由于水准仪是由多个不同的部件组合而成,因此水准仪结构上必须满足一定的条件。水准仪结构上的关系是用其轴线上的关系来表示的,如图 2-18 所示。水准仪各轴线应满足下列条件:

(1)圆水准轴平行于仪器的竖轴,即 $L'L'//VV$。

(2)十字丝的横丝垂直于竖轴。

(3)水准管轴平行于视准轴,即 $LL//CC$。

由于水准仪本身的结构变化和外界因素的影响,这些轴线关系经常不能得到满足,从而影响水准测量的精度。水准仪的检验分为外部检视和内部检验。外部检视主要是检视外观

有无破损，各个螺旋运行是否正常等。内部检验是通过一定的检验方法，检验仪器是否满足正确的轴线关系，必要时进行仪器的校正，以保证观测成果的精度。鉴于本书针对的学生群体，这里仅介绍水准仪的检验方法。

2.4.1 圆水准轴平行于仪器竖轴的检验

圆水准器用于粗略整平水准仪。如果圆水准轴不平行于仪器的竖轴，当圆水准器气泡居中时，仪器的竖轴不处于竖直状态。如果竖轴倾斜过大，即使圆水准器气泡居中，管水准气泡可能很难居中，即仪器不能得到精确整平。

检验方法：旋转脚螺旋，使圆水准气泡居中，如图 2-19(a)所示，然后将仪器绕纵轴旋转180°，如果气泡偏于一边，如图 2-19(b)所示，说明 $L'L'$ 不平行于 VV，需要校正。

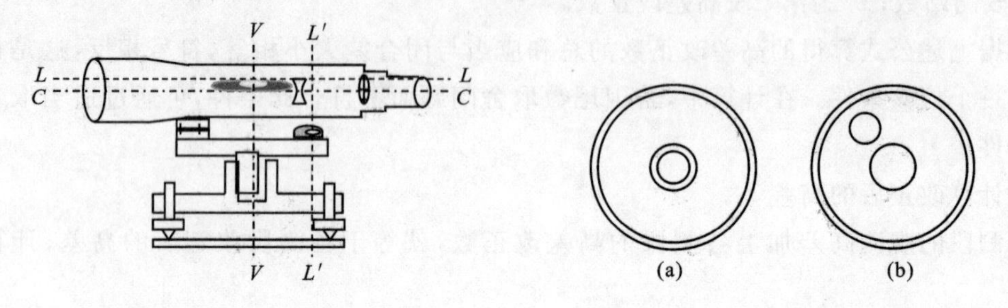

图 2-18 水准仪的主要轴线关系

图 2-19 圆水准器检验

2.4.2 十字丝横丝垂直于竖轴的检验

水准测量是利用十字丝分划板上的横丝进行标尺读数的，当仪器的竖轴处于铅垂位置时，应严格要求十字丝的横丝处于水平位置，否则用十字丝横丝的不同部位读数将产生误差，直接影响水准测量的精度。

检验方法：整平仪器后，用十字丝交点瞄准一个点 P，旋紧制动螺旋，转动微动螺旋，如果 P 点在望远镜中左右移动时离开横丝，如图 2-20 所示，表示纵轴铅垂时横丝不平，需要校正。

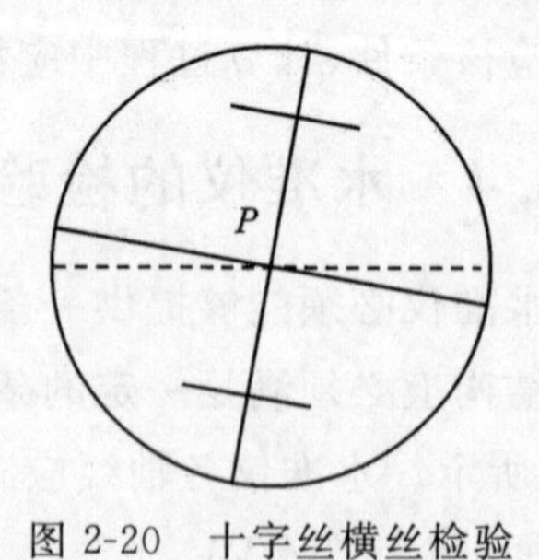

图 2-20 十字丝横丝检验

2.4.3 水准管轴平行于视准轴的检验(i 角的检校)

水准测量要求水准仪提供一条水平视线，如果水准管轴平行于视准轴，那么当水准管气泡居中时，仪器的视准轴就处于水平状态了。如果不满足此条件，读数误差必将影响观测成果的质量。i 角的检校方法有多种，但基本原理是一致的。下面介绍一种适合于 DS3 水准仪的检校方法。

检验方法：第一步如图 2-21 所示，在比较平坦的地面上固定 3 个点 A、D、B(可用皮尺量测)，各点间隔 20.6m。检验时，先将水准仪安置于 A、B 点的中点 D 处，在符合水准气泡居中的情况下，分别读取水准标尺上的读数为 a 和 b，这两个读数都含有 i 角误差的影响，即都为倾斜视线的读数。但是，由于仪器到 A、B 两点的距离相等，所以 i 角对前、后视读数的影响相同，所以两点间的正确高差为

$$h_1 = a - b \tag{2-10}$$

第二步，保持点标尺不动，将仪器移至 B 点附近外侧一点 C，整平仪器，分别对远尺 A 和近尺 B 读数 a' 和 b'，求得第二次高差为

$$h_2 = a' - b' \tag{2-11}$$

若 $h_1 = h_2$，说明仪器的水准管轴平行于视准轴，无 i 角误差，不须校正；若 $h_1 \neq h_2$，说明仪器的水准管轴不平行于视准轴，即存在 i 角误差。若设 $x = h_2 - h_1$，单位为毫米(mm)，则 i 角的大小通过下式计算

$$i'' = \frac{x}{2 \times 20\ 600} \cdot \rho \approx 5x \tag{2-12}$$

式中：$\rho = 206\ 265$，测量规范一般对 i 角的大小有明确的要求，超限时应予校正。

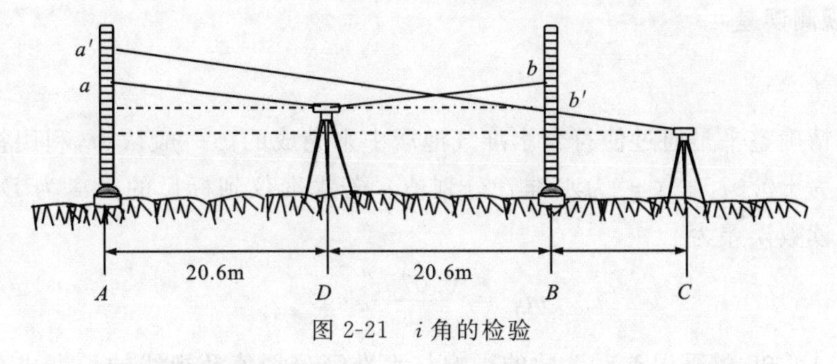

图 2-21　i 角的检验

2.5　水准测量的误差来源与注意事项

测量工作是观测者使用观测仪器在一定的外界条件下所进行的工作，不可避免地会产生误差。因此，水准测量的误差也一般分为仪器误差、观测误差和外界条件的影响等 3 个方面。对水准测量的误差来源有一个明确的了解之后，在测量工作中就应该注意这些问题，设法减弱或消除这些误差的影响，提高观测成果的质量。

2.5.1　仪器误差

1)仪器校正不完善的误差

水准管轴与视准轴不平行的误差(即 i 角误差，是水准测量中最重要的误差)是一种仪器误差。虽然这种误差在仪器检校时得到了校正，但由于仪器校正不完善或其他原因，还会存在一些残余误差，即水准轴和视准轴之间仍然存在一个微小的交角。

由图 2-21 可以看出，测量时只要将仪器安置在 A、B 两点的中间，使得前后视距相等，就可以消除这种误差的影响。由于野外条件的限制，不可能时时做到前后视距完全相等，实际工作中经常对不同测站上的视线长度作出调整，使得一个测站上的前后视距差和两个固定点之间的前后视距累积差尽量地小，以此减弱这种误差的影响。

2）调焦误差

测量时，当仪器没有安置在前、后两标尺的等距离处，要看清标尺就必须对物镜进行调焦。由于仪器加工不够完善，当转动调焦螺旋时，调焦透镜会产生非直线移动而改变视线位置，从而产生调焦误差。要消除这种误差的影响，同样要求前、后视距尽量相等，这样当测完后视转向前视时就不需重新调焦或仅作少量调焦就可以了。

3）水准标尺零点不等的误差

水准标尺的注记是从底部算起的，由于标尺长期使用，其底部可能受到不同程度的磨损，底部到第一分划线之间的距离与实际的注记数字不符，其差数称为一根标尺的零点误差。两根标尺的零点误差之差，称为一对标尺的零点差。如果水准标尺存在零点差，水准测量一个测站的观测高差中就存在这种误差的影响，而在连续两个测站的观测高差之和中，这种误差的影响就抵消了。因此，水准路线的每个测段最好安排成偶数站，以消除一对标尺零点差对高差的影响。

2.5.2 观测误差

1）整平误差

水准仪的精确整平是通过使符合水准气泡居中来完成的。一般认为，利用符合水准器整平仪器的误差为 $\pm 0.075\tau''$（τ''为水准管分划值），若水准仪到标尺的距离为 D，则由于整平误差而引起的读数误差为

$$m_{平} = \frac{0.075\tau''}{\rho} \cdot D \qquad (2\text{-}13)$$

由式(2-13)可知，整平误差对读数的影响与水准管分划值及视线的长度成正比。以 DS3 水准仪为例（$\tau''=20''/2\text{mm}$），当视线长度 $D=100\text{m}$，整平误差一格，即 2mm 时，$m_{平}=0.73\text{mm}$。因此，在读数前必须注意整平仪器，当后视读完转向前视时，应利用微倾螺旋将符合水准气泡再次居中，同时避免阳光直射水准管。

2）照准误差

照准误差是通过人眼的分辨力来体现的。一般当人眼的视角小于 60″时，就难以分辨标尺上的两点，当用放大倍率为 V 的望远镜照准标尺时，其照准精度为 $60''/V$，若视线长度为 D，则照准误差为

$$m_{照} = \frac{60''}{V\rho} \cdot D \qquad (2\text{-}14)$$

由式(2-14)可看出，视线长度 D 越大，可能引起的照准误差就越大，因此水准测量时应适当控制视线的长度，减小照准误差。

3)估读误差

水准测量的标尺读数时,厘米及以上的读数可以通过标尺上的数字注记直接读出,而毫米数是在厘米分格影像内估读的,必然含有估读误差。估读误差的大小与厘米分格的宽度、十字丝的粗细、望远镜的放大倍率及视线长度有关。水准测量中,当望远镜的放大倍率较小或视线长度过大时,尺子成像小,并显得不够清晰,这将使得照准误差和估读误差增大,因此各级水准测量对望远镜的放大率和视线的长度都有相应的要求。

4)水准标尺倾斜的误差

水准测量时,要求水准标尺垂直地立于有关标志上。当水准标尺倾斜时,其读数比垂直竖立的读数要大,且视线越高误差越大。当标尺的倾斜角为 α 时,尺上的读数为 a_1,产生的读数误差为 Δa,其量值为

$$\Delta a = a_1 - a = a_1(1 - \cos\alpha) \tag{2-15}$$

由式(2-15)可看出,Δa 的大小取决于标尺的倾斜角 α 和标尺上读数 a_1 的大小,当 $\alpha = 2°$、$a_1 = 2.5\text{m}$ 时,$\Delta a = 1.5\text{mm}$。因此,水准测量时应将标尺竖直,且标尺读数不宜太大。

2.5.3　外界条件的影响

1)仪器垂直位移的影响

仪器的自重和水准路线上土壤的弹性等,可能引起仪器的脚架上升或下降,从而产生误差。测量时,通常选择在坚实的地方安置仪器,并将三脚架踩紧。

2)尺垫垂直位移的影响

与仪器的垂直位移情况相似,尺垫垂直位移主要发生在迁站的过程中,即由原来的前视标尺变为后视标尺的过程中产生的。尺垫上升使所测高差减小,尺垫下降使所测高差增大。这种误差的影响在往返测高差的平均值中可得到有效减弱。测量时,通常选择在坚实的地方放置尺垫,并将尺垫踩紧。

3)地球曲率的影响

地球曲率对高程的影响是不能忽视的,这在第 1 章 1.4 节已经说明。水准仪提供的是水平视线,由于地球曲率的影响,标尺的后视读数 a 和前视读数 b 中分别含有地球曲率误差 δ_1 和 δ_2,则 A、B 两点间的高差为

$$h = (a - \delta_1) - (b - \delta_2) = (a - b) - (\delta_1 - \delta_2) \tag{2-16}$$

由式(2-16)可知,当仪器安置在 A、B 的中点时,$\delta_1 = \delta_2$,此时 A、B 两点之间的高差 $h = a - b$,这样就消除了地球曲率对每站高差的影响。

4)大气垂直折光的影响

近地面大气层的密度分布随离地面的高度而变化,即存在密度梯度。当视线通过近地面大气层时,大气层密度在不断地变化,引起光线折射系数的变化,光线在垂直方向上弯向密度较大的一方,这种现象称为大气垂直折光。一般情况下,大气层的密度上疏下密,水准仪的视线通过近地面大气层时并不是一条严格的水平线,而是一条弯向下方的曲线,且离地面越近,弯曲的程度越大,导致标尺上的读数减小,其读数与水平视线读数的差值 r 称为折光差值。在平坦地面,地面覆盖物基本相同,当前、后视距基本相等时,前、后视读数的折光差方向相

同,大小也基本相等,高差中折光差的影响可大部分得到抵消。在上坡或下坡时,前、后视视线离开地面的高度相差较大,折光差的影响将增大,且具有系统性误差的性质。为了减弱大气垂直折光对观测高差的影响,应使视线离开地面一定高度(最少不少于 0.3m),并使前、后视距尽量相等,在坡度较大的路线上应适当缩短视距。

 思考题

- 画图并说明水准测量的基本原理,理解前视、后视、测站、转点等概念。
- 了解 DS3 水准仪各部件的名称、作用。
- 什么是水准仪的粗平和精平?
- 什么是视差?怎样消除视差?
- 固定点上能否放尺垫?转点上为什么要放尺垫?转点上的尺垫能否随便移动?
- 水准路线有几种形式?如何计算水准路线闭合差?闭合差调整的方法是否相同?
- DS3 水准仪应满足哪几项几何轴线关系?
- 何为仪器的 i 角误差?如何检验?
- 水准测量的主要误差来源有几项?每项里面举出一例并说明在测量中的注意事项。
- 如图 2-22 所示,指出这是什么类型水准路线,并进行水准测量练习。

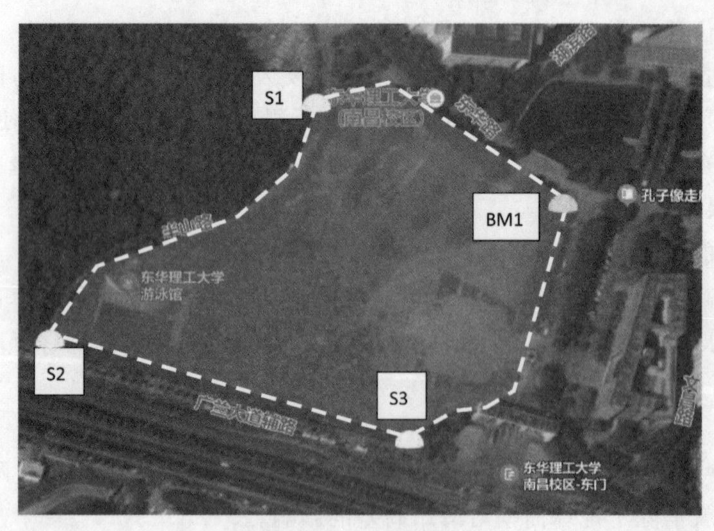

图 2-22　水准路线图

第 3 章　角度测量

3.1　角度测量原理

要确定地面点的相互位置关系，角度是一个重要的因素，不管是控制测量还是碎部测量，角度测量都是一项重要的测量工作。角度测量包括水平角测量和竖直角测量两部分。

3.1.1　水平角测量原理

地面上两相交直线之间的夹角在水平面上的投影，称为水平角。如图 3-1 所示，地面上有任意 3 个高度不同的点，分别为 A、O 和 B，如果通过倾斜线 OA 和 OB 分别作两个铅垂面与水平面相交，其交线 OA 与 OB 所构成的夹角 $\angle A'O'B'$ 就是空间夹角 $\angle AOB$ 的水平投影，即水平角。

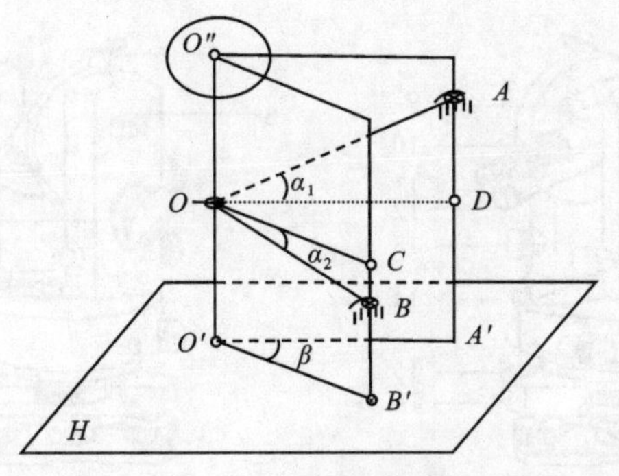

图 3-1　角度测量原理

假设在 O 点(称为测站点)的铅垂线上，水平安置一个有一定分划的圆形度盘，并使圆盘的中心位于 O 点的铅垂线上。如果用一个既能在竖直面内上下转动以瞄准不同高度的目标，又能沿水平方向旋转的望远镜，依次从 O 点瞄准目标 A 和 B，设通过 OA 和 OB 的两竖直面在圆盘上截得的读数分别为 m 和 n，则水平角 β 就等于 n 减去 m，即

$$\beta = n - m \tag{3-1}$$

3.1.2　竖直角测量原理

竖直角也称垂直角，就是地面上的直线与其水平投影线(水平视线)间的夹角。如图 3-1 所示，AA' 垂直于水平面并交于 A' 点，α_1 就是直线 OA 的竖直角。同样道理，如果在 O 点竖直

放置一个有一定分划度盘，就可以在此度盘上分别读出倾斜视线 OA 的读数 α_1 和水平视线 OB 的读数 α_2，则 AOB 的竖直角 α 就等于 α_1 减去 α_2，即

$$\alpha = \alpha_1 - \alpha_2 \tag{3-2}$$

竖直角测量时，倾斜视线在水平视线以上时，α 为正（"+"），称仰角，否则 α 为负（"−"），称俯角。

3.2 光学经纬仪及其使用

经纬仪是测量水平角和竖角的主要仪器。我国将光学经纬仪按照测角精度从高到低分为 DJ_{07}、DJ_1、DJ_2 和 DJ_6 等几种类型，其中"D"为大地测量仪器的总代号，"J"为经纬仪的代号，即汉语拼音的第一个字母，下标表示经纬仪的精度指标，即室内检定时一测回水平方向中误差，单位为秒。DJ_{07}、DJ_1 多用于高等级控制测量，本节主要介绍经典工程测量中广泛应用的 DJ_6 光学经纬仪。

3.2.1 DJ_6 光学经纬仪

由于生产厂家不同，DJ_6 型光学经纬仪有多种，常见的有北京光学仪器厂、苏州光学仪器厂和西安光学仪器厂等生产的 DJ_6 型光学经纬仪，瑞士威尔特厂生产的 WildT1 等。尽管仪器的具体结构和部件不完全相同，但基本构造大体一致，主要由照准部、水平度盘和基座三大部分构成。图 3-2 给出的一种 DJ_6 经纬仪的外形，各部分的构造及其作用如下。

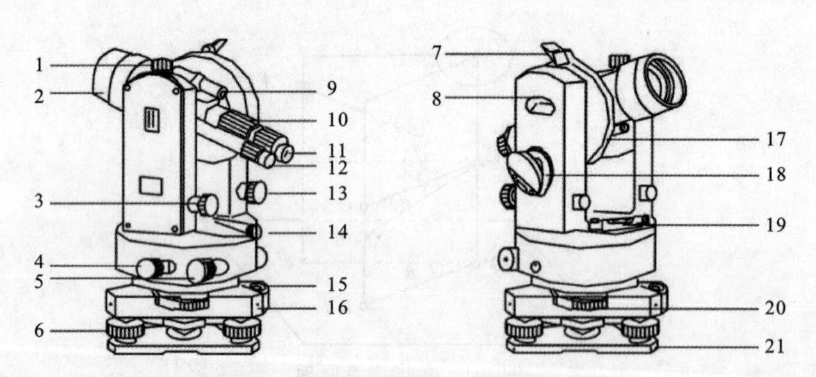

1. 望远镜制动螺旋；2. 望远镜物镜；3. 望远镜微动螺旋；4. 水平制动螺旋；5. 水平微动螺旋；6. 脚螺旋；7. 竖盘水准管观察镜；8. 竖盘水准管；9. 瞄准器；10. 物镜调焦环；11. 望远镜目镜；12. 度盘读数镜；13. 竖盘水准管微动螺旋；14. 光学对中器；15. 圆水准器；16. 基座；17. 竖立度盘；18. 度盘照明镜；19. 平盘水准管；20. 水平度盘位置变换轮；21. 基座底板。

图 3-2 国产 DJ_6 级光学经纬仪

1）基本构造

（1）照准部。

照准部由望远镜、横轴、竖轴、竖直度盘、照准部水准管和读数显微镜等部分组成，它是基座和水平度盘上方能转动部分的总称。

望远镜由目镜、物镜、十字丝环和调焦透镜等组成，用于照准目标，它固定在横轴上，并可

绕横轴在竖直面内作俯仰转动，这种转动由望远镜的制动螺旋和微动螺旋控制。

横轴也称水平轴，由左、右两个支架支承，是望远镜作俯仰转动的旋转轴。

竖轴也称垂直轴，它插入水平度盘的轴套中，可使照准部在水平方向转动，这种转动由水平制动螺旋和水平微动螺旋控制。

竖直度盘由光学玻璃制成，装在望远镜的一侧，其中心与横轴中心一致，随着望远镜的转动而转动，用于测量竖直角。

照准部水准管用于整平仪器，使水平度盘处于水平状态。

读数显微镜用于读取水平度盘和垂直度盘的读数。

(2)水平度盘。

水平度盘是用光学玻璃制成的圆环，是测量水平角的主要器件。在度盘上按顺时针方向刻有 0°～360°的分划，度盘的外壳附有照准部水平制动螺旋和水平微动螺旋，用以控制照准部和水平度盘的相对转动。事实上，测角时水平度盘是固定不动的，这样当照准部处于不同的位置时，就可以在度盘上读出不同的读数。照准部在水平方向的微小转动由水平微动螺旋调节。

测量中，有时需要将水平度盘安置在某一个读数位置，因此就需要转动水平度盘，常见的水平度盘变换装置有度盘变换手轮和复测扳手两种形式。当使用度盘变换手轮转动水平度盘时，要先拔下保险手柄(或拨开护盖)，再将手轮推压进去并转动，此时水平度盘也随着转动，待转到需要的读数位置时，将手松开，手轮退出，再拨上保险手柄。当使用复测扳手转动水平度盘时，先将复测扳手拨向上，此时照准部转动而水平度盘不动，读数也随之改变，待转到需要的读数位置时，再将复测扳手拨向下，此时度盘和照准部扣在一起同时转动，度盘的读数不变。

(3)基座。

基座是支撑整个仪器的底座，用中心螺旋与三脚架相连接。基座侧面有一个中心锁紧螺旋，当仪器插入竖轴轴孔后，该中心锁紧螺旋必须处于锁紧状态，否则在测角时仪器可能产生微动，搬动时容易甩出。基座上有一个光学对点器，即一个小型外对光望远镜，当照准部水平时，对点器的视线经折射后呈铅垂方向，且与竖轴重合，利用该对点器可进行仪器的对中。基座底部有 3 个脚螺旋，转动脚螺旋可使照准部水准管气泡居中，从而使水平度盘处于水平状态。

2)DJ_6 光学经纬仪的读数设备与读数方法

DJ_6 光学经纬仪的读数设备有分微尺测微器和单平行玻璃板测微器两种。这里主要介绍分微尺测微器及其读数方法。

常用的国产 DJ_6 光学经纬仪的读数设备大多属于分微尺测微器。来自外界的光线经反光镜反射穿过光窗后，经棱镜一系列折射而分别照亮水平度盘、垂直度盘的分划线和分微尺指标镜，最终成像在读数显微镜目镜的焦平面上，这样透过读数显微镜就可以看到水平度盘、垂直度盘的分划线和分微尺的成像。

如图 3-3 所示为经纬仪的读数视场。读数视场中的上部是水平度盘分划及其分微尺(上部标注“H”或“水平”)，下部是垂直度盘的分划及其分微尺(下部标注“V”或者“竖直”)。不管是水平度盘还是垂直度盘，其分划线的间隔皆为1°，如109°至110°，60°至61°。同时可以看到一根分微尺，分微尺的零位置称为指标线，用以指示度盘读数，分微尺的长度正好等于度盘的分划值1°，又分为60小格，每小格相当于1′，每10小格注记1、2、…、6，表示10′的倍数，因此从分微尺上可以直读至1′，估读至0.1′，即6″。

读数时，先读出指标线所指度盘的读数，如图3-3中指标线在109°和110°之间，应读109°，不足1°的部分要看指标线与112°分划线之间的数值，图中为3.2′，实际工作中，不足1′的数要随时换算成秒值，记簿时分值和秒值要写成两位数，因此水平度盘的最后读数为109°3′12″，同理垂直度盘的最后读数为60°5′54″。

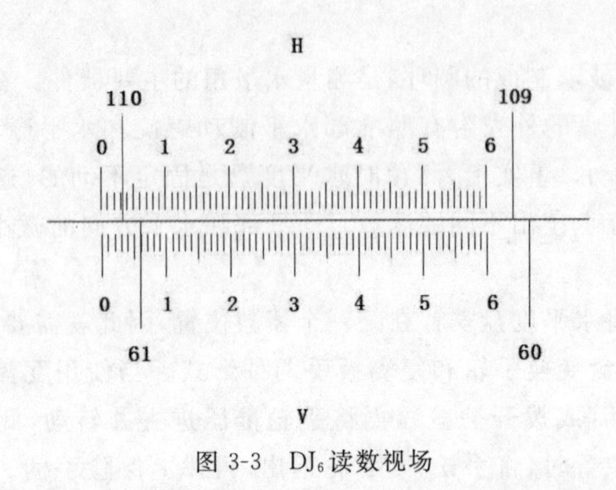

图3-3　DJ_6读数视场

3.2.2　经纬仪的使用

经纬仪的使用包括对中、整平、整置检查、瞄准和读数5项操作步骤。

1)对中

对中就是使仪器的中心(即水平度盘的中心)与测站点在同一铅垂线上。对中时，先将三脚架张开，并安放在测站上，调节架腿上的螺丝使架腿伸长，使架头升高到与观测者相适应的高度，同时要目测架头大致水平，架头中心大致对准测站点中心，然后安上仪器，旋紧中心连接螺旋。对中的方法有垂球对中、光学对中、激光对中和强制对中。需要说明的是，强制对中精度最高，光学对中次之，激光对中再次之，垂球对中最次。

垂球对中已经过时，强制对中非常简单，安装上去即可，激光对中比较直观，难点在光学对中。采用光学对中的经纬仪有光学对中器。光学对中器可以是一个小圆点，也可以是一个十字丝。利用光学对中器进行对中时，将架腿置于测站点上，并调节到适当高度，安上仪器，旋紧中心连接螺旋。从光学对中器目镜观察测站点，看其是否和光学对中器重合。如果偏离较远，可移动三脚架使测站点与对中器重合；如果偏离较近，可稍微旋转仪器的3个脚螺旋使测站点与对中器大致重合。

2)整平

整平就是使仪器的竖轴处于铅垂位置，并使水平度盘处于水平。整平包括粗略整平和精确整平，整平的次序是先粗平后精平。

粗平方法：保持架腿位置不变，稍微旋松架腿上的螺丝，使架腿伸长或缩短（有时需要伸缩1个架腿，有时可能需要伸缩3个架腿），同时观察圆水准气泡。

精平方法：放松照准部水平制动螺旋，使照准部水准管与任意两个脚螺旋的连线平行，两手相对旋转这两个脚螺旋使水准管气泡居中，然后将照准部旋转90°，转动第3个脚螺旋再一次使水准管气泡居中。如此反复几次，一般要求水准管气泡偏离中心的误差不超过一格。

3）整置检查

仪器整平过程中不可避免地会影响仪器的对中，当仪器整平时，要观察对中情况，如果对中偏差较大，可稍微松开中心连接螺丝，平行移动基座，使对中误差满足要求，然后再拧紧中心连接螺旋；如果移动基座仍不能满足对中误差，就必须重新整置仪器了。

仪器装置时应注意：架腿伸缩后一定要拧紧架腿上的固定螺丝；3个脚螺旋高低不应相差太大，开始时最好调整到中部位置；当脚螺旋已旋到极限位置仍不能使气泡居中时，就不能再旋转了，以免造成脚螺旋的损坏；当移动基座进行对中时，手不能碰到脚螺旋，对中后一定要立即旋紧中心连接螺旋。

4）瞄准

瞄准是指用望远镜十字丝交点精确照准被测目标。测角时的照准标志一般是竖立于测点的标杆、测钎、用3根木杆悬吊垂球的线或觇牌等，其操作步骤如下：

（1）松开水平制动螺旋和望远镜制动螺旋，将望远镜对向明亮背景（如白墙、天空等，注意不要对向太阳），转动目镜调焦螺旋，使十字丝变为最清晰。

（2）用望远镜上方的粗瞄准器对准目标，然后拧紧水平制动螺旋和望远镜制动螺旋。

（3）转动物镜调焦螺旋，使目标成像清晰，并注意消除视差。

（4）转动水平微动螺旋和望远镜微动螺旋，使十字丝交点对准目标。观测水平角时，将目标影像夹在双纵丝内且与双纵丝对称，或用单纵丝平分目标；观测竖直角时，则应使用十字丝中丝与目标顶部相切。

5）读数

瞄准目标后，即可读数。读数前先打开度盘照明反光镜，调整反光镜的开度和方向，使进光明亮均匀、读数窗亮度适中，然后旋转读数显微镜的目镜进行调焦，使刻划线清晰，然后读数。最后，将所读数据记录在角度观测手簿上相应的位置。

3.3　角度测量方法

3.3.1　水平角测量

在角度观测时，为了消除仪器的某些误差，通常需要用盘左和盘右两个位置进行观测。盘左也称正镜，即观测者面对目镜时垂直度盘在望远镜的左边；盘右也称倒镜，即观测者面对目镜时垂直度盘在望远镜的右边。

水平角的测量方法有多种，采用何种观测方法视目标的多少而定，常用的方法有测回法和方向观测法。

1）测回法

如果观测方向少于或等于3个，可采用测回法。如图3-4所示，设待测水平角为$\angle ABC$，观测步骤如下：

(1)在测站点 B 安置经纬仪，并进行对中、整平。在点上竖立花杆、插钎或觇牌。

图 3-4　测回法

(2)置望远镜于盘左位置，松开照准部制动螺旋，顺时针旋转照准部使望远镜大致照准左边目标 A，拧紧照准部制动螺旋，用水平微动螺旋使望远镜十字丝的竖丝精确照准目标 A，读取水平度盘读数 a_1 记入观测手簿（表 3-1）。精确照准时，应根据目标的成像大小，采用单丝平分目标或双丝夹住目标，并尽量照准目标的底部。

(3)松开照准部制动螺旋，顺时针转动照准部，用同样的方法照准右边的目标 B，读取平度盘读数 b_1，记入观测手簿。

步骤(2)、(3)称为上半测回，测得水平角为

$$\beta_1 = b_1 - a_1 \tag{3-3}$$

(4)倒转望远镜成盘右位置，按上述方法先照准目标 B 进行读数，再照准目标 A 进行读数，分别设为 b_2 和 a_2，并记入相应的表格中。这样就完成了下半测回的操作，测得水平角为

$$\beta_2 = b_2 - a_2 \tag{3-4}$$

上述的上、下半测回合起来称为一测回。如果两个半测回测得的角值互差（称为半测回差）在规定的限差范围内，就可以取其平均值作为一测回的观测结果，即

$$\beta = \frac{1}{2}(\beta_1 + \beta_2) \tag{3-5}$$

实际作业中，为了减弱度盘分划误差的影响，提高测角的精度，有时要测量多个测回，各测回的起始读数应根据规定用度盘变换手轮或复测扳手加以变换。

表 3-1　水平角观测记录与计算（测回法）

测站	目标	盘位	水平度盘读数			半测回角值			一测回平均角值		
			°	′	″	°	′	″	°	′	″
B	C	左	0	0	54	125	14	18	125	14	15
	A		125	15	12						
	C	右	180	0	06	125	14	12			
	A		305	14	18						

记录人员在手簿的记录与计算中，要及时地进行测站限差的检查，发现问题及时纠正，直

至重测。对于DJ_6光学经纬仪，测站限差有：上、下两个半测回角值之差36″，测回差24″；对于DJ_2光学经纬仪，测站限差有上、下两个半测回角值之差12″，测回差9″。

2)方向观测法

如果在一个测站上需要观测3个以上方向时，常采用方向观测法，也称全圆测回法，以加快观测速度，并便于计算测站上所有的水平角。如图3-5所示，P为测站点，A、B、C、D为4个待测方向，采用全圆测回法观测水平角观测步骤如下。

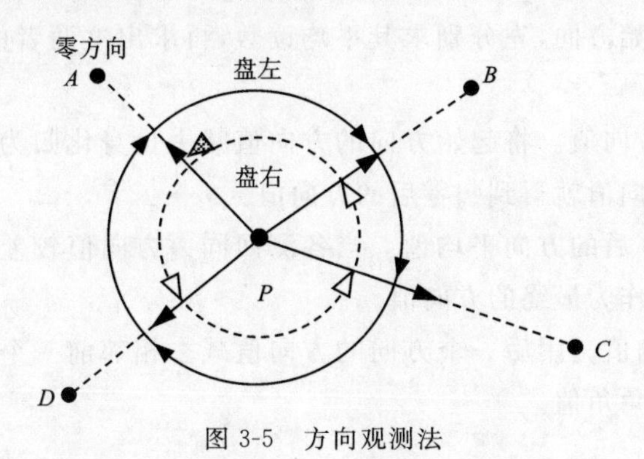

图3-5　方向观测法

(1)将经纬仪安置于测站P上，并进行对中和整平。在A、B、C、D点上竖立观测标志。

(2)置望远镜于盘左位置，顺时针旋转照准部使望远镜大致照准所选定的起始方向(又称零方向)A，拧紧照准部制动螺旋，用水平微动螺旋使望远镜十字丝的竖丝精确照准目标A，将度盘配置在稍大于0°00′的读数处，读取水平度盘读数，记入观测手簿。精确照准时，同样要根据目标的成像大小，采用单丝平分目标或双丝夹住目标，并尽量照准目标的底部。

(3)松开照准部制动螺旋，顺时针转动照准部，用同样的方法依次照准目标B、C、D，并分别读取水平度盘读数，记入观测手簿。最后使望远镜再一次精确照准目标A，读取水平度盘读数并记入观测手簿。

步骤(2)(3)的观测次序可归纳为$ABCDA$，称为上半测回。最后一步返回起始方向A的操作称为归零，目的是检查在观测过程中水平度盘的位置有无变动。

(4)倒转望远镜成盘右位置，按上述方法先照准目标A进行读数，再依次照准目标D、C、B进行读数，分别记入相应的表格中。最后再一次精确照准目标A，读取水平度盘读数并记入观测手簿。这样就完成了下半测回的操作，观测次序可归纳为$ADCBA$，盘右位置再一次返回起始方向A的操作称为第二次归零。

与测回法相同，采用全圆测回法测角有时也需要观测多个测回，应该根据测回数相应地配置每个测回起始方向的度盘读数。记录人员要及时进行手簿的记录、计算和检查，以确保观测成果满足测站限差的要求。

半测回归零差：半测回起始方向的两次读数之差等于第二次读数减去第一次读数。

同一测回$2C$互差：C为仪器的视准轴误差，$2C$值等于盘左读数L减去盘右读数R与±180°的和，计算公式如下：

$$2C = L - (R \pm 180°) \tag{3-6}$$

各测回同一方向值较差：分别计算每个测回各个方向的方向值，并对同名方向的方向值进行相互比较，其差值应满足规范要求。

(1)计算半测回归零差。当半测回归零差满足要求后方可进行后续计算，否则应查明原因，直至重测。

(2)计算同一测回 $2C$ 互差。例如 DJ_2 级仪器要小于15″。

(3)计算各个方向的平均读数。将盘左读数与盘右读数±180°的和取平均即得到各个方向的平均读数。对于起始方向，先分别求其平均读数，再求出这两者的平均值作为起始方向最终的方向值。

(4)计算归零后的方向值。将起始方向的方向值减去自身化归为零，将其他方向的平均读数减去起始方向的方向值就得到归零后的方向值。

(5)计算各测回归零后的方向平均值。当各测回同一方向值较差满足要求后，取各个测回同名方向值的平均值作为最终的方向值。

(6)计算水平角的角值。用后一个方向的方向值减去相邻前一个方向的方向值，就得到这两个方向之间的水平角角值。

3.3.2 竖直角测量

测量竖直角时，盘左时为

$$\alpha_L = 90° - (L - x) \tag{3-7}$$

盘右时为

$$\alpha_R = (R - x) - 270° \tag{3-8}$$

则 x 的计算公式如下：

$$x = \frac{1}{2}(R + L - 360°) \tag{3-9}$$

盘左、盘右观测可消除竖盘指标差。竖盘指标差的值有正有负，当指标差太大时，可通过校正指标水准管来减小或消除；当指标差较小时，如果只用盘左一个位置进行观测(也可以只用盘右)，在测得的竖直角上应加上指标差改正；当指标差很小且测量精度要求不高时，可只用盘左或盘右一个位置观测，且不用考虑指标差的影响。

在野外测量中，通常采用多个测回测量以提高观测值的精度，对于 DJ_6 级和 DJ_2 级仪器，要求不同测回测得的竖直角互差分别小于24″和15″。用同一测回中各方向指标差的互差来衡量竖直角测量的稳定性，对于 DJ_6 级和 DJ_2 级仪器，要求指标差互差分别小于24″和15″。

3.4 经纬仪的检验

与水准仪一样，经纬仪也是由多个不同的部件组合而成，因此利用经纬仪进行角度测量时，为保证观测值的精度，经纬仪的结构上也必须满足一定的条件。经纬仪结构上的关系也是用其轴线上的关系来表示的，如图3-6所示，经纬仪各轴线应满足下列条件：

(1)照准部管水准轴应垂直于垂直轴(竖轴)，即 $LL \perp VV$。

(2)十字丝的竖丝应垂直于水平轴(横轴)。

(3)视准轴应垂直于水平轴，即 $CC \perp HH$。

(4)水平轴应垂直于垂直轴，$HH \perp VV$。

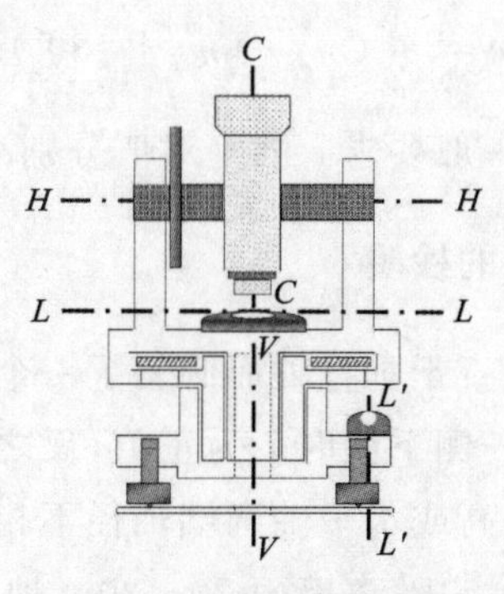

图 3-6　经纬仪的轴线

此外还要求仪器的竖轴垂直通过水平度盘的中心，横轴垂直通过竖直度盘的中心，竖盘指标差要尽量小，光学对中器位置要正确。

由于经纬仪本身的结构变化和外界因素的影响，这些轴线关系也经常不能得到充分满足，从而影响角度测量的精度。经纬仪的检查也分为外部检视和内部检验。外部检视主要是检视其外观有无破损，读数窗分划线是否清晰，各个螺旋运行是否正常等。内部检验则需要采用一定的检验方法，检验仪器是否满足正确的轴线关系，必要时进行仪器的校正，这里主要对检验进行介绍。

3.4.1　照准部水准管轴垂直于垂直轴的检验

检验方法：先将仪器大致整平，然后转动照准部使水准管与任意两个脚螺旋的连线平行，并相对转动这两个脚螺旋使水准管气泡居中。将照准部旋转 90°，再转动第 3 个脚螺旋使水准管气泡居中。将照准部转到原先位置，观察气泡是否居中，如果不居中，再相对旋转两个脚螺旋使气泡精密居中。将照准部旋转 180°，观察气泡是否居中，如果气泡偏离中心不超过半个分划可视为合格，否则可视为不合格，应予校正。

3.4.2　十字丝的竖丝垂直于水平轴的检验

检验方法：精确整平仪器，在仪器前方适当距离处悬挂一垂球线，旋转照准部用望远镜照准该垂球线，如果十字丝的竖丝与垂球线完全重合，则此条件满足，否则应予校正。或者，用十字丝竖丝瞄准前方一清晰小点，固定照准部和望远镜，用望远镜微动螺旋使望远镜上、下微动，如果小点始终在十字丝竖丝上移动，说明条件满足，否则应予校正。

3.4.3　视准轴垂直于水平轴的检校

检验方法：在平坦场地整置仪器，选择一个与仪器等高的点 A。盘左位置照准目标 A，水平度盘读数为 $m'_{左}$，而视准轴在正确位置的读数为 $m_{左}$，两者相差一个 c 角，即 $m_{左}=m'_{左}+c$。盘右位置照准同一目标 A，水平度盘读数为 $m'_{右}$，而视准轴在正确位置的读数为 $m_{右}$，则有

$m_{右} = m'_{右} - c$。理论上 $m_{左} = m_{右} \pm 180°$，即 $m'_{左} + c = m'_{右} - c \pm 180°$ 整理后得

$$2c = m'_{右} - m'_{左} \pm 180°$$

$$c = \frac{1}{2}(m'_{右} - m'_{左} \pm 180°) \tag{3-10}$$

对于 DJ_6 级和 DJ_2 级经纬仪，一般要求 c 的绝对值分别小于 30″和 15″。

3.4.4 水平轴垂直于垂直轴的检验

当垂直轴垂直时，水平轴不垂直于垂直轴而倾斜了一个 i 角，这个 i 角称为水平轴倾斜误差。一般规定水平轴在竖直度盘一侧下倾时 i 为正值，反之 i 为负值。水平轴倾斜误差主要是由于仪器左、右两端的支架不等高或水平轴两端轴径不相等而引起的。

检验方法：在墙面高处选择一点 P，离墙面 20～30m 地面上选择一点 O，整平仪器。在盘左位置精确照准 P 点后，转动望远镜至水平位置，依十字丝交点在墙面上作标志 A。倒转望远镜成盘右位置，再精确照准 P 点后，以同样方法在墙面上作标志 B。如果 A、B 两点重合，则条件满足，否则存在水平轴误差 i。对 DJ_6 级仪器，i 值一般要求不大于 30″。

3.4.5 竖盘指标水准管的检校

检验方法：整平仪器，照准高处一明显目标，用中丝法观测垂直角一个测回，计算竖盘指标差，一般当指标差的绝对值超限时，应予校正。

3.5 角度测量的误差来源与注意事项

和水准测量一样，角度测量也不可避免地存在误差，也可概括为仪器误差、观测误差和外界条件的影响 3 个方面。因此要提高角度测量的精度，测量中应采取措施减弱或消除这些误差的影响。

3.5.1 仪器误差

仪器误差有两种情况：一种是仪器检校不完善所残留的误差，如视准轴误差和水平轴误差，它们都可以通过正、倒镜观测取均值予以消除，但照准部水准管轴不垂直于垂直轴的误差却不能通过这种方法消除，因此测量中应特别注意水准管气泡的居中；另一种是仪器制造加工不完善所带来的误差，这种误差无法校正，如度盘刻划误差和度盘偏心差、照准部偏心差等，前者可通过每测回变换度盘位置的方法予以减弱，后者可通过正、倒镜观测取均值予以消除。

3.5.2 观测误差

1)仪器整置误差

仪器整置误差包括仪器的对中误差和整平误差两部分。

(1)对中误差。

如图 3-7 所示，O 点为测站中心，如果观测时仪器没有精确对中，偏 0′00″之间的距离 e 称

为测站偏心距。设角度观测值为 β'，正确值为 β，则 β 与 β' 之差 $\Delta\beta$ 就为对中不精确所带来的角度误差，即 $\Delta\beta=\beta-\beta'=\delta_1+\delta_2$ 。因为 e 值很小，δ_1 和 δ_2 也是一个小角，所以可将 e 看作一段小圆弧，于是有下式：

$$\Delta\beta=\delta_1+\delta_2=e\rho\left(\frac{1}{d_1}+\frac{1}{d_2}\right) \tag{3-11}$$

式中：$\rho=206\ 265''$；d_1、d_2 为水平角两边的边长。由式(3-11)可以看出，对中误差与测站偏心距成正比，与边长成反比。假设 $e=3\text{mm}$，当 $d_1=d_2=100\text{m}$、50m、25m 时，可算出 $\Delta\beta=12.4''$、$24.8''$、$49.6''$。因此，当边长较短时应特别注意对中，减少对中误差。

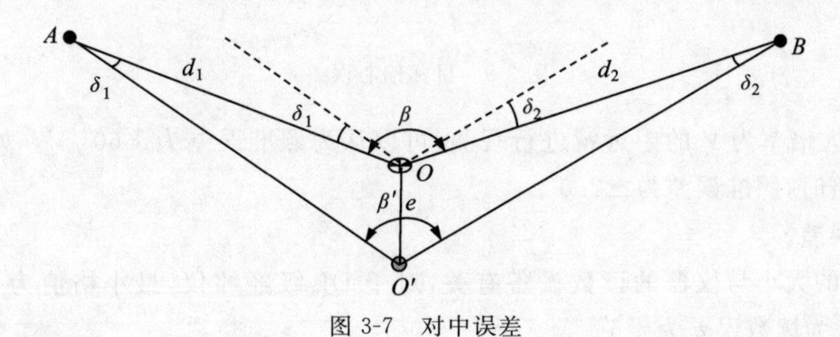

图 3-7　对中误差

(2)整平误差。

仪器的整平误差包括两方面：一是水准管轴与垂直轴本身不垂直，这是由仪器制造加工和检校不完善造成的；二是仪器整平时气泡没有严格居中，这种误差是不能通过所采用的观测方法予以消除的，而且随着观测目标的竖直角变大而变大，所以应特别注意仪器的整平。当进行多测回观测时，一般在一个测回观测结束进行下一测回观测时，应检查气泡是否居中，必要时重新整平仪器。如果在一测回观测过程中发现气泡偏离中心一格以上，应整平仪器重新观测。在野外阳光下观测，应使用遮阳伞，以免仪器的水准管受阳光直射而影响整平的效果。

2)目标偏心误差

测角时，要求所照准的目标要垂直且准确地竖立在标志中心，如果目标倾斜或者没有准确地竖立在标志中心，所测得的角度中必然含有目标偏心误差。如图 3-8 所示，仪器安置于 O 点，仪器中心至目标中心 A 的距离为 d，照准 B 点，其投影至 A 点所在平面为 B' 点，该点可以在如图 3-8 所示的圆的任何一点。目标 A 偏斜至 B' 的水平距离为 e，目标偏心所带来的角度误差 x 为

$$x=\frac{e\sin\theta}{d}\rho \tag{3-12}$$

由式(3-12)可知，目标偏心误差与偏心距成正比，与仪器中心之目标中心的距离成反比，所以测角时照准目标应竖直，并尽量瞄准目标的底部。

3)照准误差和读数误差

(1)照准误差。

照准误差由望远镜的放大率和人眼的分辨力等因素引起。一般来说，人眼的分辨力为

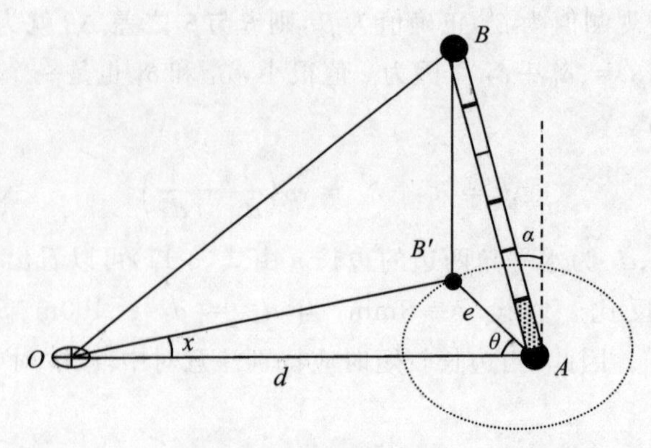

图 3-8　目标偏心误差

60″,如果用放大倍率为 V 的望远镜进行观测,可以认为照准误差为 $\pm 60''/V$。如望远镜的放大倍率为 30 倍时,照准误差为 $\pm 2.0''$。

(2)读数误差。

读数误差的大小与仪器的读数设备有关,对于 DJ_6 级经纬仪,最小格值为 1′,可估读到 0.1′,则可以认为读数误差为 $\pm 6''$。

3.5.3　外界条件的影响

外界条件对角度测量的影响是多方面的,也是很复杂的,概括起来主要有以下几个方面。

1)大气折光的影响

当光线通过密度不均匀的空气介质时,会折射而形成一条曲线,并弯向密度大的一方。当安置经纬仪观测点时,其理想的方向线为直线方向,但由于大气折光的影响,望远镜实际所照准的方向是一条曲线在观测点处的切线方向,这个方向与弦线之间有一个夹角,这个角值即反映大气折光的影响。大气折光可以分解成水平和垂直两个分量,通常称为旁折光和垂直折光,也分别对水平角和垂直角的观测产生影响。要减弱旁折光对水平角观测的影响,选择点位时应使其视线离开障碍物 1m 以外,同时选择较有利的观测时间。要减弱垂直折光对垂直角观测的影响,应使视线高于地面 1m 以上,同时选择较有利的观测时间,并尽可能避免长边。

2)大气层密度和大气透明度对目标成像的影响

角度观测时,要求目标成像要稳定和清晰,否则将降低照准的精度。目标成像的稳定与否取决于视线通过大气层密度的变化情况,而大气层密度的变化程度又取决于太阳对地面的热辐射程度以及地形的特征。如果大气层密度均匀,目标成像就稳定,否则目标成像就会产生上下左右跳动,减弱其影响的方法是选择较好的观测时段。目标成像的清晰与否取决于大气的透明程度,而大气透明度又取决于空气中尘埃和水蒸气的多少以及太阳辐射的程度,减弱其影响的方法仍然是选择有利的观测时间。

3)温度变化对视准轴的影响

观测时,如果仪器受太阳的直接照射,各轴线之间的正确关系可能发生变化,从而降低观测精度。在野外观测时,一般要求使用遮阳伞以免仪器受太阳的直接照射。

3.6　电子经纬仪简介

近些年来，一些国家的测绘仪器厂生产了一种新型经纬仪，称作电子经纬仪，它由精密光学器件、机械器件、电子扫描度盘、电子传感器和微处理机等组成，采用光电测角代替了光学测角。这种仪器的外形和结构与光学经纬仪基本相似，但是它能通过微处理机的控制，自动以数字显示所观测的角值，从而使得测角电子化和自动化变成了现实。光电测角可分为编码度盘测角和光栅度盘测角等。

3.6.1　编码度盘及其测角原理

要进行自动化数字电子测角，经纬仪须具有角-码光电转换系统，这套系统包括电子扫描度盘和相应的电子测微读数系统。因此，电子经纬仪与光学经纬仪相比，其度盘和读数系统有本质上的区别。

如图 3-9 所示，编码度盘就是在光学圆盘上刻制多道同心圆环，每一个同心圆环称为一个码道。图中表示的是一个有 4 个码道的纯二进制编码度盘，分别以 2^0、2^1、2^2、2^3 表示，度盘按码道数 n 等分为 $2n$ 个码区，共 16 个码区，度盘的分辨率为 $2\pi/2^n=22.5°$。为确定各个码区在度盘上的绝对位置，将码道由内向外按码区赋予二进制代码，16 个码区的代码为 0000～1111 四个二进制的全组合，且每个代码表示不同的方向值。

编码度盘各码区中有黑色和白色空隙，分别属于不透光和透光区域。在编码度盘的一侧安有电源，另一侧直接对着光源安有光传感器，电子测角就是通过光传感器来识别和获取度盘位置信息的。当光线通过度盘的透光区并被光传感器接受时表示为逻辑 0，当光线被挡住而没有被光传感器接受时表示为逻辑 1，因此当望远镜照准某一方向时，度盘位置信息通过各码道的传感器，再经光电转换后以电信号输出，这样就获得了一组二进制代码。当望远镜照准另一方向时，又获得另一组二进制代码。有了两组方向代码，就得到了两个方向间的夹角。

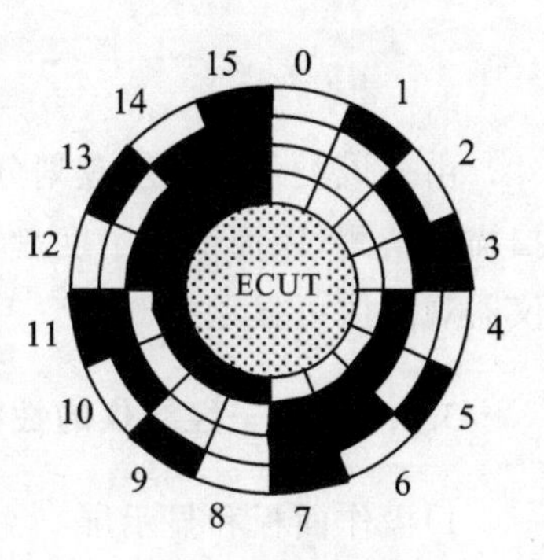

图 3-9　编码度盘

为了提高编码度盘的分辨率，应该增加码道的数目。但是仅靠增加码道数来提高编码度盘的分辨率是比较困难的，而且当码道数增多时，纯二进制编码度盘将暴露出一个缺点，就是某些相邻方向的代码需要在几个码道上同时进行透光区和不透光区的过渡转换，如果光传感元器件中光电晶体管的排列不十分严格地通过度盘中心的直线上时，就会降低观测成果的可靠性。由于这些原因，实用中的度盘编码是经过改进后的二进制编码，称循环码，因为这种编码是由葛莱(Cray)等发明创造的，所以又称葛莱编码。在葛莱编码中，任何相邻读数只有一位代码发生变化，因此观测结果不会发生太大的错误。

3.6.2　光栅度盘及其测角原理

所谓光栅，就是在光学玻璃度盘的径向上均匀地刻制明暗相间的等宽度格线。在度盘的一侧安有光源，另一侧相对于光源有一个固定的光感器，固定光栅的格线间距和宽度与度盘上的光栅完全相同，固定光栅的平面与度盘光栅的平面平行，且形成一个固定的小角(图 3-10)。

当度盘随照准部转动时，光线透过度盘光栅和固定光栅，进而显示出径向移动的明暗相间的干涉条纹。如果设 x 为光栅度盘相对于固定光栅的移动量，设 y 为干涉条纹在径向的移动量，两光栅之间的夹角为 θ，则有

$$y = x\cot\theta \tag{3-13}$$

由于 θ 是小角，有

$$y = \frac{x}{\theta}\rho'' \tag{3-14}$$

由此可见，对于任意选定的 x，θ 角越小，干涉条纹在径向的移动量就越大。如果两光栅的相对移动从一条格线移到另一条格线，干涉条纹将移动一整周，即光强由暗到明、再由明到暗变化一个周期，干涉条纹移动的总周数将与通过的格线数相等。如果数出和记录光感器所接受的光强曲线总周数，就可以测得移动量，经光电转换后就得到角度值。

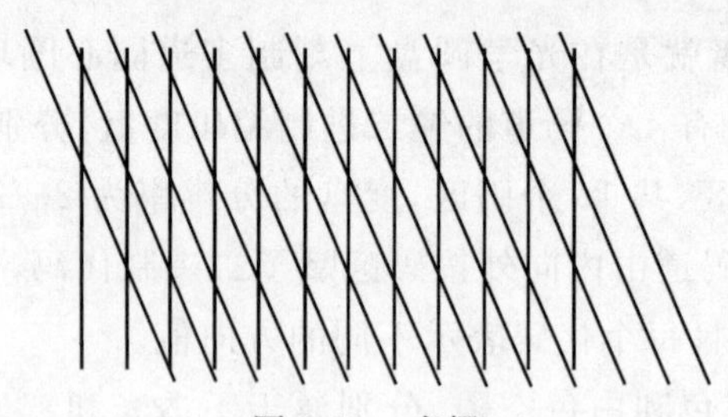

图 3-10　光栅

由于该类仪器的度盘划分为很多个分划间隔，又采用对整个度盘上的每一分划间隔进行扫描和精测，因而消除了度盘光栅刻划误差和度盘偏心差的影响，提高了观测值的精度。该仪器观测值可显示到 0.1″，一测回方向中误差为±0.5″。

3.6.3　电子经纬仪的性能

1)操作面板和显示屏

电子经纬仪的照准部有双面的操作面板和显示屏，便于盘左、盘右观测时仪器操作和度盘读数。显示屏同时显示水平度盘读数和垂直度盘读数。面板右侧有一排操作按钮(图 3-11)，它的主要功能如下：

(1)左右按钮。在无切换时用于改变左右角增量方式，在切换状态时用于测距。

(2)角度/斜度按钮。在无切换时用于改变角度斜度显示方式，在切换状态时用于平距、斜距、高差切换。

(3)锁定按钮。在无切换时用于角度锁定，在切换状态时用于复测。

(4)置 0 按钮。在无切换时用于置零，在切换状态时用于调整时间。

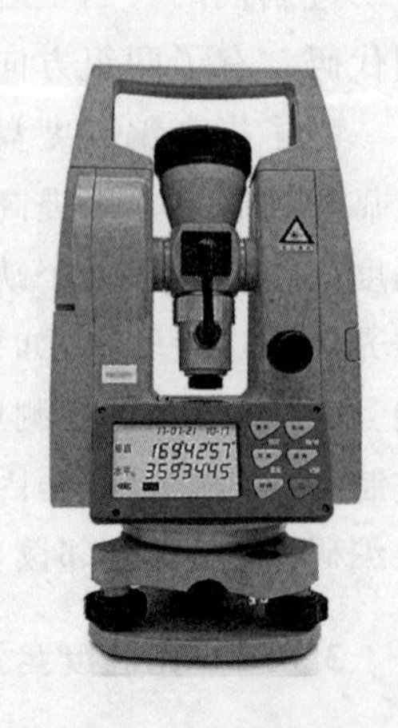

图 3-11　电子经纬仪

(5)切换按钮。在无切换时用于键功能切换,在切换状态时用于夜照明。

(6)开关按钮。用于开关、记录、确认。

2)度盘读数显示

液晶显示屏同时显示水平度盘读数和垂直度盘读数,显示屏一般共显示 4 行内容,第一行为当前日期及时间;第二行为垂直度盘角度;第三行为水平度盘角度,“水平右”表示水平度盘角度且顺时针转动仪器为角度的增加方向,“水平左”表示水平度盘角度且逆时针向;第四行为电池容量和仪器状态,表示电池容量,黑色填充越多表示电池容量越充足(图 3-11)。

3)度盘读数设置

在瞄准某一方向的目标后,可以将水平度盘读数设置为 0°00′00″,称为置零,也可以设置为某一角值,称为水平度盘定向;垂直度盘读数可以设置为天顶距模式(显示角度值范围为 0°～360°,天顶为 0°)或坡度模式(显示坡度值范围为－100％～100％,水平方向为 0°)。

4)观测数据的存储与传输

可以将观测数据存储于仪器中,并通过数据接口将储存的数据传输至电子记录手簿或计算机中。

思考题

- 什么是水平角和竖直角？它们有正、负之分吗？
- DJ_6 和 DJ_2 在结构上有何区别？读数设备和读数方法相同吗？
- 电子经纬仪由哪几部分组成？与光学经纬仪相比,其度盘和读数系统有何不同？
- 经纬仪对中和整平的目的是什么？怎样进行对中和整平？
- 什么是测回法和全圆测回法？测站上有哪些限差要求？
- 竖直角测量时,竖盘气泡居中的目的是什么？怎样理解竖盘指标差的概念？
- 经纬仪应满足怎样的轴线关系？怎样检校？
- 角度测量有哪些主要误差来源？哪些误差可以通过正倒镜的方法予以消除？

第4章 距离测量

如前所述,在测区不大的情况下,可用水平面代替水准面。地面上两点间的距离就是指地面点沿铅垂线投影到水平面上的水平距离。不在同一高度的两点间的连线长度称为两点间的倾斜距离。

距离测量是确定地面点位的三大基本测量工作之一。在实际作业中若所测的是倾斜距离,一般要改化为水平距离,用于平面测量数据的处理。目前距离测量的方法有钢尺量距、视距测量、电磁波测距和 GNSS 技术等,本章主要讲述前 3 种方法。

4.1 钢尺量距

4.1.1 量距工具

钢尺也称钢卷尺,如图 4-1 所示。钢尺可以卷放在圆形的尺壳内或卷放在金属的尺架上,宽度一般为 1~1.5cm,长度有 20m、30m 或 50m 等几种。钢尺的分划也有几种,有的以厘米为基本分划,适用于一般量距;有的以厘米为基本分划,但尺端第一分米内有毫米分划,还有的以毫米为基本分划,后两种适用于较精密的丈置。钢尺的各分米和米的分划线上都有数字注记,其零点位置分端点尺和刻线尺两种,如图 4-2 所示。刻线尺可得较高的丈量精度。较精密的钢尺制造时有规定的温度及拉力,如在尺端刻“30m,20℃,10kg”字样。这表明检定钢尺温度为 20℃、拉力为 10kg 时,其长度为 30m。

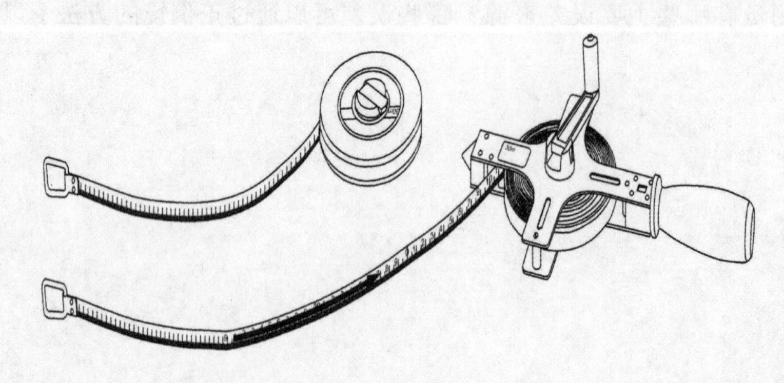

图 4-1 钢卷尺

丈量的其他工具有测钎、垂球、花杆等。精密的丈量还需要弹簧秤和温度计,如图 4-3 所示。

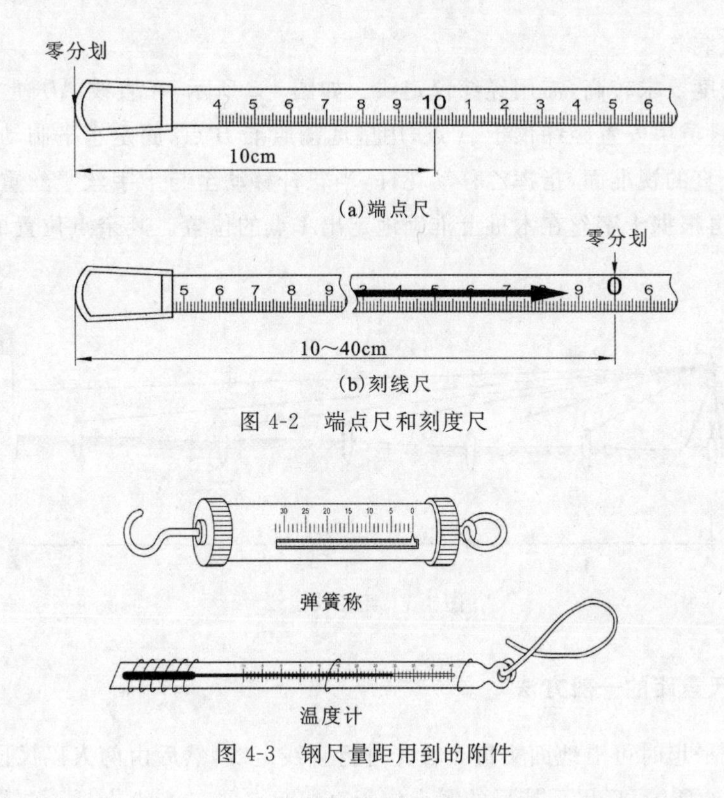

图 4-2　端点尺和刻度尺

弹簧称

温度计

图 4-3　钢尺量距用到的附件

4.1.2　直线定线

当被量距离较长，用钢尺不能一次量完时，在丈量之前必须进行直线定线，以使所量测距离为被量测地面点两点间的直线距离。所谓直线定线就是在地面上标定出位于同一直线上的若干分段点，以便分段丈量。一般情况下可用花杆目测定线，对于精度要求较高的情况或距离很远时，需要用经纬仪定线。

1)目测定线

目测定线用于一般的量距。如图 4-4 所示，要在直线 AB 上定出 1、2 点，应先在端点 A、B 上竖立花杆，测量员甲立在 A 点后 1～2m 处，由 A 瞄向 B，使视线与花杆边缘相切；指挥持杆在测量员乙左、右移动，直到 A、1、B 三个花杆在一条直线上，然后将花杆竖直地插下。同法定出点 2 的花杆。

图 4-4　利用花杆目测定线

2)经纬仪定线

如果测距精度要求较高,需用经纬仪定线。如图 4-5 所示,在直线 AB 上定出 1、2、3…点的位置,可由测量员甲安置经纬仪于 A 点,用望远镜照准 B 点,固定水平制动螺旋,此时甲通过望远镜利用竖直的视准面,指挥乙移动花杆,当花杆移动至与十字丝竖丝重合时,便在花杆位置打下木桩,再根据十字丝在木桩上准确地定出 1 点的位置。其余点位置的确定采用相同的方法。

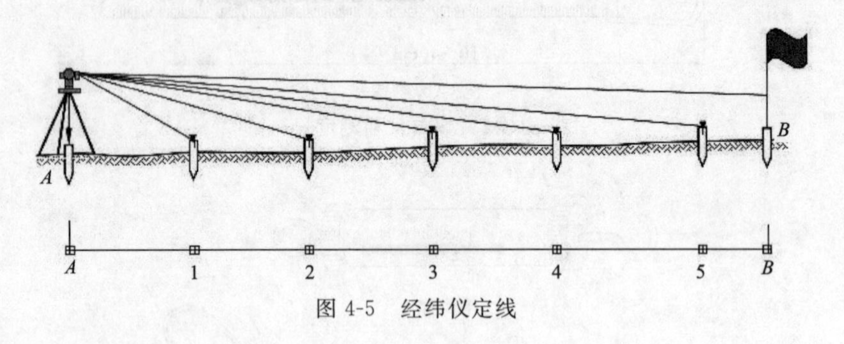

图 4-5　经纬仪定线

4.1.3　钢尺量距的一般方法

当地面比较平坦时可沿地面丈量。首先进行直线定线,然后由两人以尺段为单位进行逐段丈量。如图 4-6 所示,后尺手持尺的零点位于直线起点并在 A 点上插一测钎。前尺手持尺的末端并携带一组测钎,沿方向前进,行至一尺段处停下。后尺手以手势指挥前尺手将钢尺拉在直线 AB 方向上;后尺手以尺的零点对准 A 点,当两人同时把钢尺拉紧、拉稳和拉平后,前尺手在尺的末端刻线处竖直地插下一测钎,得到 1 点。这样便量完了一个尺段。随之后尺手拔起 A 点上的测钎与前尺手共同举尺前进,同法量出第二尺段。如此继续丈量下去,直至最后不足一整段时,前尺手将尺上某一整数分划对准 B 点,由后尺手在尺的零端读出毫米数,两数相减,即可求得不足一尺段的余长。于是,两点间的水平距离为

$$D = n \times 尺段长 + 余长 \tag{4-1}$$

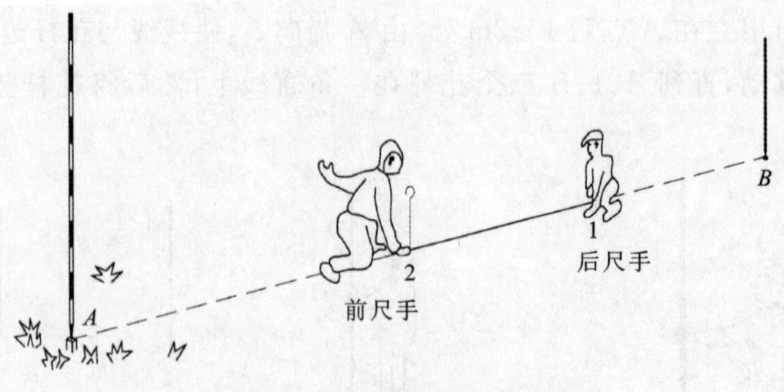

图 4-6　平坦地区的距离丈量

4.1.4　一般方法钢尺量距的精度

在实际量距中，为了提高量距的可靠性，及时发现错误，提高量距的精度，一般采用往、返丈量法。往、返丈量距离的精度可用相对误差来衡量。如丈量 AB 两点间的水平距离，由 A 向 B 量一次，称为往测；然后再由 B 向 A 量一次，称为返测，合称为往、返丈量。往、返所测结果差的绝对值与往返所测结果的平均值的比值称为量距的相对误差，一般用分子为 1 的分数表示，即

$$K = | D_{往} - D_{返} | / D_{平} = 1/M \tag{4-2}$$

例如，丈量距离 AB，往测时为 336.537m，返测时为 336.428m，则往、返测距离之差为 0.109m，往、返距离的平均值为 336.482m，从而可求得相对误差如下：

$$K = \frac{0.109}{336.482} = \frac{1}{3087} \tag{4-3}$$

一般规定，在平坦地区，钢尺量距的相对误差应不大于 1/3000；在量距困难地区，钢尺量距的相对误差不应大于 1/1000。量距结果如能符合此要求，即认为精度合格，取往、返测距离的平均值为该两点间的最终结果；否则，应进行重测，直至满足精度要求。

4.1.5　钢尺量距的精密方法

当量距的精度要求高于 1/3000，称为精密量距，需采用精密量距方法。当地面比较平坦时，可用沿地面丈量法。首先用经纬仪定线，定线时用钢尺概量，每隔大约一整尺段(比尺长大约小 5cm)打一木桩，木桩高出地面 2～3cm。并在桩顶划线表示直线方向，再划细垂线，形成十字交点，作为钢尺读数的起讫点。钢尺应有毫米分划，至少零点端有毫米分划。尺子需经检定，并有尺长方程式，以便对量距结果进行改正。丈量时用弹簧秤施加检定时的拉力。用水准测量方法测定各桩顶间高差，作为分段倾斜改正的依据。

丈量的方法有读数法与划线法两种。读数法丈量时钢尺两端都对准尺段端点进行读数，若钢尺仅零端有毫米分划，则需以尺末端某分米分划对准尺段一端，以便零端读出毫米数。每尺段丈量 3 次，以尺子的不同位置对准端点，其移动量一般在 1dm 以内。3 次读数所得尺段长度之差，一般为 2～5mm。若超限，需进行第 4 次丈量。表 4-1 为钢尺量距手簿的一种形式。

线段 $A-B$ 尺长方程式 $l_t = 30 + 0.005 + 1.2 \times 10^{-5}(t - 20℃) \times 30$，检定时拉力为 10kg。

刻线法是以整尺段为单位，中间全用整尺段丈量，无须读数，用铅笔在桩顶划线或插入细针来表示尺段端点。也可用有 3 个尖脚的小铁片代替木桩，丈量时将小铁片踏入丈量方向的地面上，铁片表面用粉笔涂色。当拉力稳定且后尺端正好对准零点时，前尺员可用小刀或铅笔在此小铁片上划线，其零尺段还是要用读数的方法量出余长。

表 4-1　钢尺量距手薄

线段	尺段号		读数/m				中数/m	高差/m	温度/℃	备注
			第一次	第二次	第三次	第四次				
	A	前	29.435	29.451	29.402					
		后	0.048	0.060	0.010					
A	1	前—后	29.387	29.391	29.392		29.390	+0.86	10	
	1	前	23.403	23.912	23.846					
		后	0.014	0.520	0.456					30/7841 号钢尺
	2	前—后	23.389	23.392	23.390		23.390	+1.28	11	的尺长方程式为:
	2	前	28.054	27.933	28.214					$30+0.005+1.2\times$
		后	0.372	0.253	0.530					$10^{-5}\times30(t-20℃)$
	3	前—后	27.682	27.680	27.684		27.682	−0.14	11	
	3	前	28.777	28.597	28.874					
		后	0.239	0.057	0.338					往测
	4	前—后	28.538	28.540	28.536		28.538	−1.03	12	
	4	前	17.912	18.094	18.342					
		后	0.014	0.194	0.443					
B	*B*	前—后	17.898	17.900	17.899		17.899	−0.94	13	
— *B*	*B*	前	25.345	26.035	25.828					
		后	0.045	0.733	0.530					
	1	前—后	25.300	25.302	25.298		25.300	+0.86	13	
	1	前	23.929	24.085	24.120					
		后	0.009	0.163	0.196					
	2	前—后	23.920	23.922	23.924		23.922	+0.86	13	
	2	前	25.166	25.308	25.835					
		后	0.098	0.238	0.763					
	3	前—后	25.068	25.070	25.072		25.070	+0.86	11	返测
	3	前	28.601	28.589	28.789					
		后	0.018	0.009	0.208					
	4	前—后	28.583	28.580	28.581		28.581	+0.86	10	
A	4	前	24.315	24.085	24.113					
		后	0.265	0.033	0.065					
	A	前—后	24.050	24.052	24.048		24.050	+0.86	10	

4.1.6 钢尺的检定

当要求量距的精度较高时，首先必须对外业量距的成果进行各项改正，如尺长、温度、拉力等，这是由尺子本身以及量距时的外界环境不同引起的。较精密的钢尺在出厂时在尺子上都注明温度、拉力、尺长，并附有尺长方程。温度、拉力是指钢尺被检定时的温度、拉力，而尺长是指尺子的刻划长度，也称名义长度，一般与其实际长度有所不同，二者之差称为尺长改正数。该值并不是一成不变的，随着使用时间的变化，应定期进行检定，得到尺长方程。

设 l_0 表示名义长度，l_i 表示实际长度，则 $\Delta l = l_i - l_0$ 为尺长改正数。可见 Δl 有正负，当实际长度大于名义长度时，Δl 为正，否则 Δl 为负。尺子在不同的拉力下长度会发生变化，因此在进行实际量距时应尽量采用钢尺检定时的拉力；钢尺的长度受温度变化热胀冷缩，在不同的温度环境下，尺长不同，因此需考虑以温度为因素的改正。综合尺长改正、温度改正可以写出下列方程

$$l_t = l_0 + \Delta l + l_0\alpha(t - t_0) \tag{4-4}$$

式中：l_t 为温度为 t 时的实际长度；α 为钢尺膨胀系数，一般为 $(1.16\sim1.25)\times10^{-5}$；$t_0$ 为钢尺检定时的温度。

有了尺长方程，即可对所测距离进行改正。

例 4-1　用一根尺长方程为 $l_t = 30\text{m} + 0.005\text{m} + 30\times1.25\times10^{-5}\times(t - 20℃)$ 的钢尺，在温度为 25℃的情况下，往测测得某段距离为 165.453m，返测得 165.492m，二者间的高差为 2.225m，问该次丈量的距离是否达到 1/3000 的精度要求，实际平距为多少？

解：钢尺的实际长度为

$L = 30\text{m} + 0.005\text{m} + 30\times1.25\times10^{-5}\times(25 - 20℃) = 30.006\,9(\text{m})$

$L_{往} = 165.453\times30.006\,9/30 = 165.491(\text{m})$

$L_{返} = 165\,492\times30.006\,9/30 = 165.530(\text{m})$

$L_{平均} = (L_{往} + L_{返})/2 = 165.510(\text{m})$

相对精度 $K = |L_{往} - L_{返}|/L_{平均} = 1/4243 < 1/3000$，满足精度要求，实际距离为 165.510m，平距为 $\sqrt{165.510^2 - 2.225^2} = 165.496(\text{m})$。

4.1.7 钢尺量距的误差分析

通常往返两次丈量结果，一般不会绝对相同，这说明丈量中不可避免地有误差存在。影响丈量距离的误差较多，有仪器误差（尺子本身的误差）、观测误差（包括定线误差、读数误差）、外界条件引起的误差（风力、地球重力等）。

1）定线误差

钢尺丈量时应直伸紧靠所量直线，如果偏离定线方向，就形成一条折线，把实际距离量长了。如图 4-7 所示，对于一尺段 30m 的距离 AB，假设使用标杆目估定线时偏离直线方向

0.2m(BB')则使距离增长 0.67mm。实际上定线误差达到 0.2m 并不难,甚至更小,故此项误差很小。

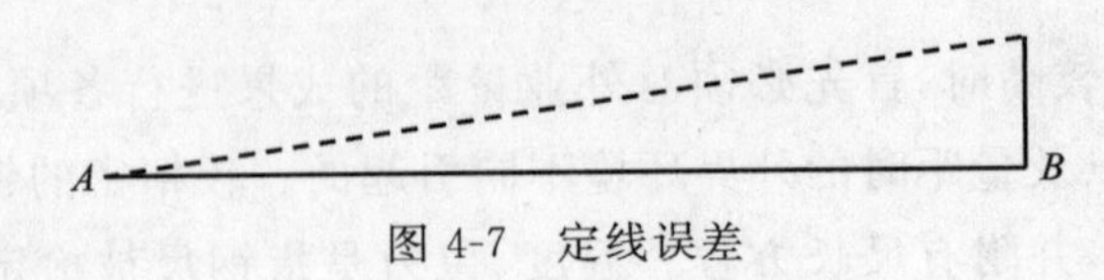

图 4-7 定线误差

2)钢尺尺长误差

如果钢尺未检定或未按尺长方程进行改正计算,仅用钢尺名义长度计算丈量的距离,则其中就包括了尺长误差。用一根钢尺往返丈量,这种误差不会被发现。用两根钢尺同时丈量一段长度,所反映的是两根尺子的 Δl 之差与整尺段数的乘积,因此距离越长则 Δl 反映越明显。

3)测定地面倾斜的误差

当在斜面上丈量距离时,斜距必须改化为平距,由改化公式 $\Delta D_h = D - l = -h^2/2l$ 可知,若使 $m_{\Delta D_h} \leqslant \pm 1$mm,则当 $h = 1$m 时,一尺段 30m 测定高差的误差应小于 3cm,这用普通水准测量是容易达到的。

4)温度误差

温度改正数的公式为 $\Delta D_t = D\alpha(t - t_0)$。如仍设一尺段中因温度产生的误差为±1mm,则测定温度的误差约为 3℃。对于较精确的丈量,无论在检定钢尺和使用钢尺时都以测定钢尺温度为准,可用点温计测定尺温。

5)拉力误差

钢尺具有弹性,设弹性模量 E 约为 2×10^6 kg/cm²,钢尺截面为 $A = 0.04$cm²,拉力误差为 Δp,按虎克定律,钢尺伸长为 $\Delta l_p = \Delta pl/EA$。对于 30m 钢尺而言,若使 Δl_p 为±1mm,则拉力误差(与检定时拉力相比较)应小于 3kg。

6)丈量本身的误差

丈量本身的误差有钢尺端点对准的误差、插测钎的误差等,又因为钢尺基本分划为毫米,若读数只要求读到毫米,则可能会有 0.5mm 的凑整误差。所有这些误差都是在工作进行中由于人的感官能力限制而产生的,其性质可正可负,可大可小,因此在实际结果中已抵消了一部分,但这是丈量中一项主要误差来源,无法全部消除。

4.2 视距测量

4.2.1 视距测量的概念

视距测量是根据几何光学原理,使用带有视距丝的仪器间接地测定距离的一种方法。普通水准测量是利用十字丝分划板上的视距丝和刻有厘米分划的视距尺,根据几何光学原理测定两点间的水平距离。

当视线水平时,视距测量测得的是水平距离。如果视线是倾斜的,为求水平距离,还应测出竖角。有了竖角,就可以求出测站至目标的高差。所以说视距测量也是一种能同时测得两点间距离和高差的测量方法。

视距测量观测速度快，操作方便，不受地形限制，尽管测距精度较低(一般为 1/300～1/200)，但能满足地形测量的要求，通常用在地形测图中测定碎部点的位置和高程。

视距测量的工具包括带有测量距离装置的经纬仪、水准仪以及与之配套的标尺。测量距离的装置称为视距装置，最简单的是在十字丝分划板上，除了十字丝的竖丝和横丝外，还刻有两条上、下对称的短丝，即视距测量的视距丝。与视距测量配套的尺子称为视距尺，可用普通水准尺代替。

4.2.2　视距测量的原理和公式

1)视准轴水平时

如图 4-8 所示，在 A 点安置水准仪，在 B 点竖立视距尺。p 为上、下视距丝的间隔，f 为物镜的焦距，δ 为物镜到仪器中心的距离，d 为物镜焦点至视距尺的距离。当望远镜视线水平时，使视距尺成像清晰。根据透镜成像原理，从视距丝 $m'n'$ 发出的平行于望远镜视准轴的光线，经物镜后产生折射且通过焦点 F 而交于视距尺上 M、N 两点。M、N 两点的读数差称为视距间隔，用 l 表示。因 $\Delta Fm'n'$ 与 ΔFMN 相似，从而可得

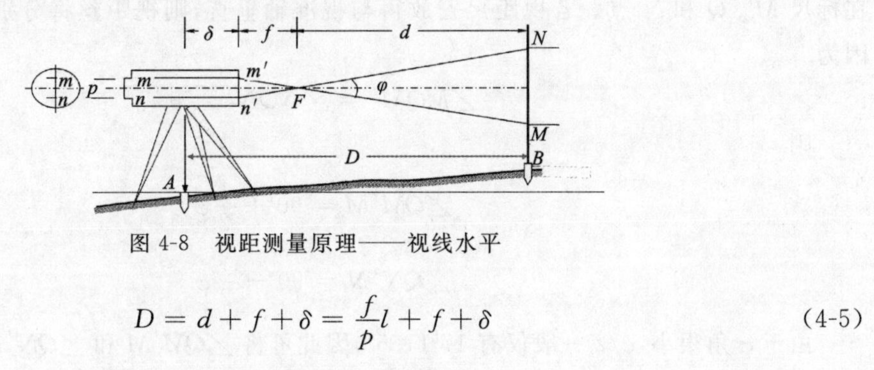

图 4-8　视距测量原理——视线水平

$$D = d + f + \delta = \frac{f}{p}l + f + \delta \tag{4-5}$$

令，$K = \dfrac{f}{p}$，$q = f + \delta$，则 A、B 两点间的水平距离为

$$D = Kl + q \tag{4-6}$$

式中：K 为视距乘常数；q 为视距加常数。

为了简化公式，在仪器的设计中，使 $q \approx 0$，而使 K 值为 100。即测距时，只要用视距丝读取视距尺间隔 l，乘以乘常数 100，即得待测距离 $D = Kl$。可见，当视线水平时，十字丝中横丝在尺上的读数为 l，设经纬仪横轴中心至地面标志 A 的距离为仪器高 i，则测站点 A 至立尺点 B 的高差 h 为

$$h = i - l \tag{4-7}$$

这种情况适用于水准仪，因此在水准测量的过程中，若读取上、下丝读数，即可求出水准仪与水准尺间的距离。在普通水准测量中，通过读取上、下丝来求取前、后视距长，以控制前、后视距的差值，减小视准轴与水准轴不平行的误差以及地球曲率、大气折光的误差。

2)视准轴倾斜时

如图 4-9 所示,当 A、B 两点高差较大时,不可能用水平视线进行视距测量,必须把望远镜视准轴放在倾斜位置,如尺子仍然保持竖直,则式(4-6)不再适用。若要将尺子垂直于视准轴,则很难做到。该情况下,要推导水平距离的公式,必须进行两项改正:①对于视距尺不垂直于视准轴的改正;②视线倾斜的改正。

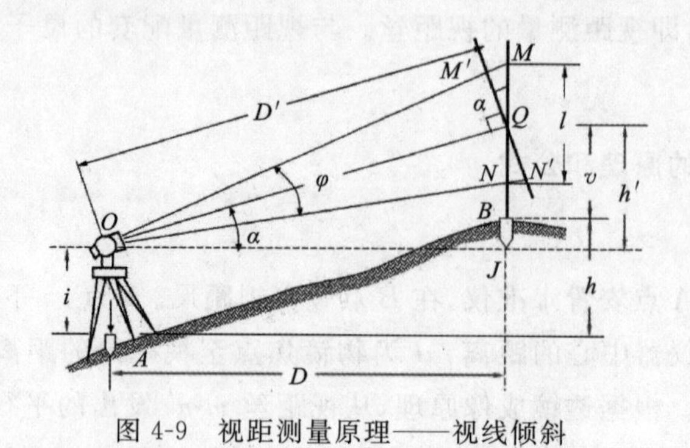

图 4-9　视距测量原理——视线倾斜

若要测定水平距离 D,在 A 点安置仪器,在 B 点竖立视距尺,望远镜上、中、下丝分别截在标尺 M、Q 和 N 点。若视距尺安放得与视准轴垂直,则视距丝将分别截在 M'、N' 两点。因为

$$\angle MQM' = \angle NQN' = \alpha \tag{4-8}$$

则

$$\begin{aligned} \angle QM'M &= 90° + \frac{1}{2}\varphi \\ \angle QN'N &= 90° - \frac{1}{2}\varphi \end{aligned} \tag{4-9}$$

由于 φ 角很小,$\varphi/2$ 一般仅有 $17'11.5''$,因此可将 $\angle QM'M$ 和 $\angle QN'N$ 看成直角,这样在直角三角形 $\angle QM'M$ 和 $\angle QN'N$ 中,$M'Q = MQ \cdot \cos\alpha$,$N'Q = NQ \cdot \cos\alpha$,则 $l' = (M'Q + N'Q) \cdot \cos\alpha = l\cos\alpha$。

$$D' = Kl' = Kl\cos\alpha \tag{4-10}$$

再将斜距化为水平距离,在 ΔOJQ 中,$D = D'\cos\alpha$,将式(4-10)代入得视线倾斜时 A、B 间的水平距离为

$$D = Kl\cos^2\alpha \tag{4-11}$$

由图 4-9 可知

$$h + v = h' + i \tag{4-12}$$

而

$$h' = JQ = D\tan\alpha \tag{4-13}$$

则视线倾斜时的高差公式为

$$h = h' + i - v = Kl\sin\alpha\cos\alpha + i - v \tag{4-14}$$

或

$$h=\frac{1}{2}Kl\sin2\alpha+i-v \tag{4-15}$$

4.2.3 视距测量的误差来源

对于视距测量的误差来源可以从 3 个方面考虑，即仪器误差、观测误差、外界条件引起的误差。

1)仪器误差

仪器误差包括视距尺分划误差、常数 K 不准确的误差等。

(1)视距尺的分划误差。

由视距测量公式 $D=Kl\cos^2\alpha$ 不难看出，若 l 不准确，则将乘 $K\cos^2\alpha$ 倍影响距离。如视距尺为水准尺，其分米分划线的偶然中误差为±0.5mm，对距离的影响为±0.071m。

(2)常数 K 不准确的误差。

普通视距仪的常数已认定 $K=100$。前已述及，在仪器制造时，使 $K=100$。$K=\frac{f}{p}$，可见 K 的误差主要是受视距丝间隔的影响，在仪器制造时要求对乘常数的影响应小于 0.2%。如果重新测定 K 值，测定中各项误差也会使 K 产生误差。此外，常数受气温等变化而不稳定。设 K 的中误差为 m_K，则对视距 D 的误差 m_D 为 $m_D=n\cdot m_K$。

2)观测误差

(1)用视距丝读取视距间隔的误差。

读取 l 有两种方法。即取上、下丝直接读数的差；或者使一根丝与尺子的某分划重合，另一丝读取读数。

用第一种方法读取 l 时，由于上、下丝都在视距尺上读数，因此存在两个读数误差，设每次读数中误差为 $m_{读}$，则 l 的中误差为 $m_l=\sqrt{2}m_{读}$。

用第二种方法读数取 l 时，由于一根丝与尺子分划线重合存在重合中误差，另一根丝有读数误差，则 $m_l=\pm\sqrt{m_{读}^2+m_{重合}^2}$。

一根视距丝在视距尺上的读数中误差 $m_{读}$ 与尺子最小分划的宽度、距离远近、望远镜的放大率及成像情况有关。重合中误差 $m_{重合}$ 则与分划的图形及图形成像的清晰情况有关。因此它们的大小应视具体使用的仪器及作业条件而定。

(2)观测竖直角的误差。

由 $D=Kl\cos^2\alpha$ 知，α 有误差必然影响视距测量的精度，即 $m_s=Kl\sin2\alpha\frac{m_\alpha}{\rho}$，$\alpha$ 一般小于 45°，$\sin2\alpha$ 为增函数，可见其影响随竖直角 α 的增大而增大。设 $Kl=100$m，$\alpha=45°$，$m_\alpha=\pm10''$，则，$m_S\approx\pm5$mm；即使当 $m_\alpha=\pm1'$时，也只有 30mm。可见此项误差影响较小。

(3)视距尺竖立不直的误差。

尺子不竖立，将对视距产生误差。设 l 和 l' 分别为视距尺竖直与不竖直时视距丝的间隔，尺子的倾斜角为 φ，视准轴的倾斜(即竖直角)为 α，则对距离的影响近似为

$$\Delta D_\varphi=Kl'\cos^2\alpha\left(\frac{\varphi^2}{2\rho^2}-\frac{\varphi}{\rho}\tan\alpha\right) \tag{4-16}$$

式中:括号内的第一项与视线的竖直角 α 无关,且影响较小,如 $\varphi=3°$ 时 $\frac{\varphi^2}{2\rho^2}=\frac{1}{730}$;第二项随 α 的增大而迅速增大,例如当 $\varphi=3°$,α 为 10°和 20°时,$\frac{\varphi}{\rho}\tan\alpha$ 分别为$\frac{1}{108}$及$\frac{1}{52}$。因此,尺子倾斜对视距的影响基本上是系统性的,且使距离减小,所以在视距测量中不可忽视此项误差,特别是在山区作业,往往由于地表有坡度而给人以一种错觉,使视距尺不易竖直,倾斜角达 3°是完全可能的。为减小它的影响,应在视距尺上安装圆水准器。

3)外界条件的影响

外界条件的影响因素主要有以下 3 种。

(1)大气垂直折光。由于视线通过的大气密度不同,光线会产生折射现象。根据实验,只有当视线离地面超过 1m 时,折光影响才比较小。

(2)空气对流使视距尺的成像不稳定。晴天时视线通过水面上空和视线离地表太近时成像不稳定造成读数误差增大,对视距精度影响很大。

(3)风力使尺子抖动。如果风力较大,尺子不易立稳而发生抖动,分别用两根视距丝读数时又不可能严格在同一个时候进行,对视距间隔 l 产生影响。

减小外界条件影响的唯一办法,只有根据对视距精度的需要选择合适的天气作业。归纳起来对视距测量的影响因素中,用视距丝读取视距间隔误差、视距尺竖立不直的误差和外界条件的影响 3 种误差最为突出。根据理论和实验资料分析,在良好的外界条件下,普通视距的相对误差为 1/300～1/200。当外界条件较差或尺子竖立不直时,甚至只有 1/100 或更低的精度。

4.3 电磁波测距

如前所述钢尺量距方法,外业工作繁重,工作效率低,在复杂的地形条件下很难开展工作。视距测量方法虽然操作简便,但测程短,精度也不高。从 20 世纪 50 年代开始随着光电技术的发展,人们研制生产出了电磁波测距仪(简称测距仪)。光测距利用电磁波测距仪来测量距离,具有测距精度高、速度快、测程大以及不受地形的影响等优点。

4.3.1 电磁波测距的基本原理

电磁波测距是用电磁波作为载波进行长度测量的一种技术方法。它的基本思想是测定电磁波往返于待测距离上的时间间隔,进而计算出两点间的长度,如图 4-10 所示。基本公式为

$$D=t_{2D}\cdot c/2 \tag{4-17}$$

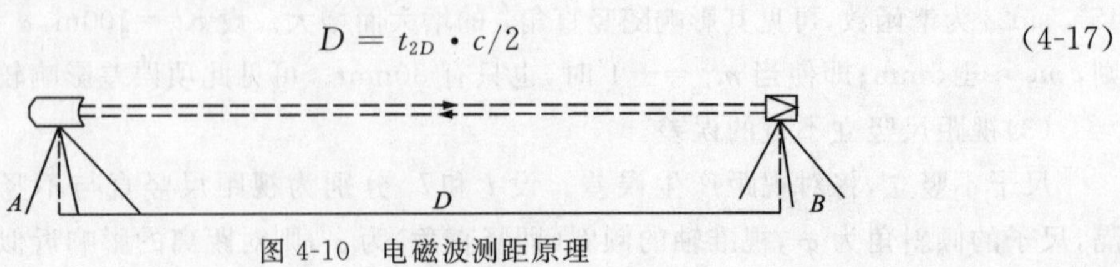

图 4-10 电磁波测距原理

4.3.2　电磁波测距仪的分类

目前电磁波测距仪已发展成为一种常规的测量仪器,它的型号、工作方式、测程、精度等级也多种多样,分类通常有以下几种。

(1)按时间测定的方法分:
- 脉冲式测冲式
- 相位式测位式

(2)按测程分:
- 短程:< 3km
- 中程:3km 至十几千米
- 长程:可达几十千米

(3)按精度指标分:(每千米测距中误差)
- Ⅰ级:<3mm
- Ⅱ级:5～10mm
- Ⅲ级:11～20mm

(4)按载波源分:
- 光波——激光测距仪、红外测距仪
- 微波——微波测距仪

(5)按载波数分:
- 单载波——可见见,红外光,微波
- 双载波——可见见光,可见光;可见光,红外光等
- 三载波——可见光,可见光,微波;可见光,红外光,微波等

(6)按反射目标分:
- 漫反射目标——非合作目标
- 合作目标——平面反射镜面反射镜等
- 有源反射器——同频频载波应答机,非频载波应答机等

4.3.3　脉冲法测距的基本原理

由电磁波测距原理可知只要能精确测定时间 t,就可精确测定距离。脉冲法测距时由光脉冲发生器射出一束光脉冲,经发射光学系统投射到被测目标。与此同时,由取样棱镜取出一小部分光脉冲进入接收光学系统,并由光电接收器转换成电脉冲(称为主波脉冲),作为计时的起点。从被测目标反射来的光脉冲通过接收光学系统后,也被光接收器接收,并转换成电脉冲(称为回波脉冲),作为计时的终点。主波脉冲和回波脉冲之间的时间间隔就是光脉冲在测线上往返传播的时间($t_{2D} = nt$),而 t_{2D} 是由时标脉冲振荡器不断产生的具有时间间隔(t)的电脉冲来决定的(图 4-11)。

在测距之前,电子门是关闭的,时标脉冲不能进入计数系统。测距时在光脉冲发射的同一瞬间,主波脉冲把电子门打开,时标脉冲就一个一个经过电子门进入计数系统,计数系统就开始记录脉冲数目。当回波脉冲到达把“电子门”关上后,计数器就停止计数,可见计数器记录下来的脉冲数目就代表了被测时间值。

4.3.4　相位法测距的基本原理

相位式光电测距仪就是通过测量调制光在测线上往返传播所产生的相位移,间接地测定时间 t,进而求出距离 D。

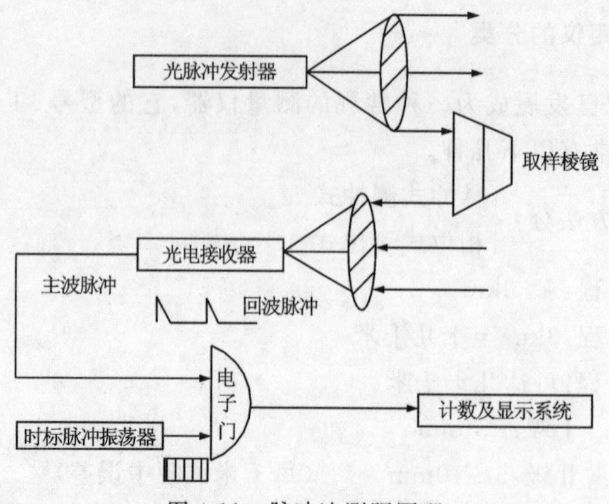

图 4-11　脉冲法测距原理

由光源经调制器后射出的光强随高频信号调制光，经反射镜反射后被接收器所接收，然后由相位计将发射信号（又称参考信号）与接收信号（又称测距信号）进行相位比较，并由显示器显示出调制光在被测距离上往返传播所引起的相位移。为清楚起见，将调制波的往返测程摊平，则有如图 4-12 所示的波形。

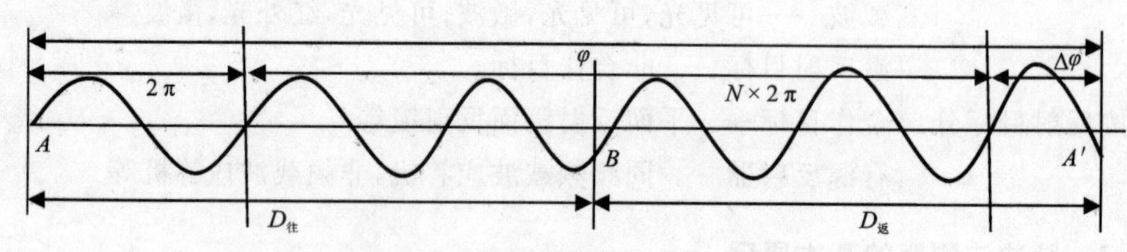

图 4-12　相信号往返一次的相位差

由于发射波与反射波之间的相位差为

$$\varphi = \omega t_{2D} \tag{4-18}$$

则

$$t_{2D} = \frac{\varphi}{\omega} = \frac{\varphi}{2\pi f} \tag{4-19}$$

代入式(4-17)得

$$D = \frac{c}{2f} \cdot \frac{\varphi}{2\pi} \tag{4-20}$$

由图 4-12 可以看出

$$\varphi = N \cdot 2\pi + \Delta\varphi = 2\pi(N + \Delta N) \tag{4-21}$$

式中：N 为零或正整数，表示 φ 的整周期数；$\Delta\varphi$ 为不足整周期的相位移尾数，$\Delta\varphi < 2\pi$；ΔN 为不足整周期的比例数，$\Delta N = \frac{\Delta\varphi}{2\pi} < 1$。

将式(4-21)代入式(4-20)可得

$$D = \frac{c}{2f}\left(N + \frac{\Delta\varphi}{2\pi}\right) = \frac{c}{2f}(N + \Delta N) = \frac{\lambda}{2}(N + \Delta N) \tag{4-22}$$

式(4-22)为相位式测距的基本公式。

令 $\frac{\lambda}{2}=u$,则式(4-22)为

$$D=Nu+\Delta Nu \tag{4-23}$$

式(4-23)与钢尺量距时的公式相比,可以看出 u 相当于钢尺长度,称为光尺。于是,距离 D 也可以看成是光尺长度乘以光尺整尺段数和余尺数之和。由于光速 c 和调制频率 f 是已知的,所以光尺的长度 u 是已知的。显然,要测定距离 D 就必须确定整尺段数 N 和余长比例数 ΔN。

在相位式测距仪中,相位计只能分辨 0°～360°的相位值,也就是测不出相位变化的整周期 $N\cdot 2\pi$ 数,而只能测出相位变化的尾数 $\Delta\varphi$ $\left(或\ \Delta N=\frac{\Delta\varphi}{2\pi}\right)$,因此使式(4-23)产生多值解,距离 D 仍无法确定。为了求得完整距离,在测距仪上,采用多把测尺,即多个调制频率的方法来解决。以短测尺(又称精测尺)保证精度,用长测尺(又称粗测尺)保证测程,从而解决"多值性"的问题。这就如同钟表上用时、分、秒相互配合来确定 12h 内的准确时刻。根据仪器的测程与精度要求,即可选定测尺数目和测尺精度(表 4-2)。

表 4-2　测尺长度

测尺频率	15MHz	1.5MHz	150kHz	15kHz	1.5kHz
测尺长度	10m	100m	1km	10km	100km
精度	1cm	10cm	1m	10m	100m

设仪器中采用了两把测尺配合测距,其中精测尺频率为 f_1 ,相应的测尺长度为 $u_1=\frac{c}{2f_1}$;粗尺频率为 f_2 ,相应的测尺长度为 $u_2=\frac{c}{2f_2}$ 。若用两者测定同一距离,则由式(4-23)可写出下列方程组

$$\begin{aligned} D&=u_1(N_1+\Delta N_1)\\ D&=u_2(N_2+\Delta N_2)\end{aligned} \tag{4-24}$$

将式(4-24)稍加变换即得

$$N_1+\Delta N_1=\frac{u_2}{u_1}(N_2+\Delta N_2)=K(N_2+\Delta N_2) \tag{4-25}$$

式中: $K=\frac{u_2}{u_1}=\frac{f_1}{f_2}$,称为测尺放大系数。

若已知 $D<u_2$,则 $N_2=0$ 。因为 N_1 为正整数,ΔN_1 为小于 1 的小数,等式两边的整数部分和小数部分分别相等,所以有 $N_1=K\Delta N_2$ 的整数部分。为了保证 N_1 值正确无误,测尺放大系数 K 应根据 ΔN_2 的测定精度来确定。

例如,某仪器选用 $u_1=10\text{m}$, $u_2=1000\text{m}$ 两个测尺测量一段小于 1000m 的距离。测得 $\Delta N_1=0.698$, $\Delta N_2=0.387$,用已知被测距离的概值 $D<u_2$,又 $K=\frac{u_2}{u_1}=\frac{1000}{10}=100$,则可

求得距离 D，即 $N_1 = K\Delta N_2 = 38$，$D = K(N_1 + \Delta N_1) = 386.98(\mathrm{m})$。

如果要进一步扩展单值解的测程，并保证精度不变，就必须再增加测尺数目。

4.3.5 光电测距的成果整理

电磁波测距是在地球自然表面上进行的，所得长度是距离的初步值。出于建立控制网等的目的，长度值应化算至标石间的水平距离。因而要进行一系列改正计算。这些改正计算大致可分为 3 类：其一是仪器系统误差改正；其二是大气折射率变化所引起的气象改正；其三是归算改正。

仪器系统误差改正包括加常数、乘常数改正和周期误差改正。

1)仪器系统误差改正

仪器常数包括乘常数 R 和加常数 K 两项。距离的乘常数改正值为

$$S_R = R \cdot S \tag{4-26}$$

式中：R 的单位为 mm/km；S 的单位为 km。

例如，测得的观测值 $S = 816.350\mathrm{m}$，$R = +6.3\mathrm{mm/km}$，则 $\Delta S_R = 6.3 \times 0.81635 \approx +5(\mathrm{mm})$。

距离的加常数改正值 ΔS_K 与距离的长短无关，因此有

$$\Delta S_K = K \tag{4-27}$$

例如，$K = -8\mathrm{mm}$，则 $\Delta S_C = -8\mathrm{mm}$。

所谓周期误差是指按一定的距离为周期重复出现的误差。周期误差主要来源于仪器内部的串扰信号。一般来说，周期误差的周期取决于精测尺长。仪器的周期误差改正数计算公式如下

$$V_i = A\sin(\varphi_0 + \theta_i) \tag{4-28}$$

式中：V_i 为周期误差改正数(其正负号由正弦函数值决定)；A 为周期误差的振幅；φ_0 为初相位角；θ_i 为与待测距离的尾数相应的相位角。

2)气象改正

电磁波在大气中传播时受气象条件的影响很大。因此，当测距精度要求较高时，测距时还应测定气温、气压，以便进行气象改正。距离的气象改正值 ΔS_A 与距离的长度成正比，因此气象改正参数 A 也是一个乘常数。一般在仪器的说明书中给出 A 的计算公式。例如，REDmini 测距仪以 $t_s = 15℃$、$p = 760\mathrm{mmHg}$ 为标准状态，此时 $A = 0$；在一般大气条件下

$$A = [278.96 - 0.3872 \times p/(1 + 0.003661 \times t_x)]\ (\mathrm{mm/km}) \tag{4-29}$$

距离的气象改正值为

$$\Delta S_A = A \cdot S \tag{4-30}$$

例如，观测时 $t_x = 30℃$，$p = 740\mathrm{mmHg}$，则 $A = +20.8\mathrm{mm/km}$；对于测得的观测值 $S = 816.350\mathrm{m}$，则 $\Delta S_A = +20.8 \times 0.81635 \approx +17(\mathrm{mm})$。

3)倾斜改正

当测线两端不等高时，测距结果为倾斜距离，尚需加倾斜改正，才能得到测线的水平距离，其计算方法有以下两种。

(1)当测线两端之间的高差已知时，ΔS_S 可按下式计算

$$\Delta S_S = -\frac{h^2}{2S} - \frac{h^4}{8S^3} \tag{4-31}$$

(2)当测线两端高差未知时,可测定测线的竖角 α,按下式计算倾斜改正:

$$\Delta S_S = S \cdot (\cos\alpha - 1) \tag{4-32}$$

4)归算至大地水准面与高斯投影面上的改正

测得的边长除了要进行系统误差、气象、倾斜等改正外,还要进行归算至大地水准面的改正和归算至高斯投影面上的改正。

(1)归算至大地水准面上的改正如下

$$\Delta S_H = -S\frac{H_m}{R} \tag{4-33}$$

(2)化算到高斯投影面上的改正如下

$$\Delta S = \frac{y^2}{2R^2} \cdot S \tag{4-34}$$

4.3.6　光电测距的误差分析

由相位法测距的基本公式可知

$$D = N\frac{c}{2nf} + \frac{\varphi}{2\pi} \cdot \frac{c}{2nf} + K \tag{4-35}$$

对式(4-35)取全微分后,转换成中误差表达式为

$$m_D^2 = \left[\left(\frac{m_c}{c}\right)^2 + \left(\frac{m_n}{n}\right)^2 + \left(\frac{m_f}{f}\right)^2\right]D^2 + \left(\frac{\lambda}{4\pi}\right)^2 m_\varphi^2 + m_k^2 \tag{4-36}$$

式中:λ 为调制波的波长 $\left(\lambda = \frac{c}{f}\right)$;$m_c$ 为真空中光速值测定中误差;m_n 为折射率求定中误差;m_f 为测距频率中误差;m_φ 为相位测定中误差;m_k 为仪器中加常数测定中误差。

此外,理论研究和实践均证明:由于仪器内部信号的串扰会产生周期误差,设其测定的中误差为 m_A;测距时不可避免地存在对中误差 m_g。因而测距误差较为完整的表达式应为

$$m_D^2 = \left[\left(\frac{m_c}{c}\right)^2 + \left(\frac{m_n}{n}\right)^2 + \left(\frac{m_f}{f}\right)^2\right]D^2 + \left(\frac{\lambda}{4\pi}\right)^2 m_\varphi^2 + m_k^2 + m_A^2 + m_g^2 \tag{4-37}$$

由式(4-37)可见,测距误差可分为两部分:一部分是与距离 D 成比例的误差,即光速值误差、大气折射率误差和测距频率误差;另一部分是与距离无关的误差,即测相误差、加常数误差、对中误差。周期误差有其特殊性,它与距离有关但不成比例,仪器设计和调试时可严格控制其数值,实用中如发现其数值较大而且稳定,可以对测距成果进行改正,这里暂不顾及。故一般将测距仪的精度表达式写成

$$m_D = \pm(A + B \cdot D) \tag{4-38}$$

式中:A 为固定误差;B 为比例误差系数;D 为被测距离。

如果每千米的比例误差为 Cmm,其精度指标为 Cppm,则式(4-38)可写成

$$m_D = \pm(A + C_{\text{ppm}} \cdot D) \tag{4-39}$$

4.4 全站仪

4.4.1 全站仪概述

全站仪是全站型电子速测仪的简称，它是集电子经纬仪、光电测距仪和微处理器及软件于一体的智能型测量仪器。全站仪一次观测即可获得水平角、竖直角和倾斜距离3种基本观测数据，而且借助机内的固化软件可以组成多种测量功能（如自动完成平距、高差、镜站点坐标的计算等），并将结果显示在液晶屏上。全站仪还可以实现自动记录、存储、输出测量结果，使测量工作大为简化。目前，全站仪已广泛应用于控制测量、大比例尺数字测图以及各种工程测量中。

全站仪按结构形式可分成积木式全站仪和整体式全站仪两大类。

积木式全站仪又称组合式全站仪或半站仪，是全站仪的早期产品。它由电子经纬仪和测距仪组合在一起构成全站仪，两者可分可合。作业时，测距仪安装在电子经纬仪上，相互之间通过电缆实现数据通信；作业结束后，卸下分别装箱。这种仪器可根据作业精度要求，由用户自行选择不同测角、测距设备进行组合，灵活性较好。

整体式全站仪也称集成式全站仪，是全站仪的现代产品。它将电子经纬仪、光电测距仪和微处理机融为一体，共用一个光学望远镜，仪器各部分构成一个整体，不能分离。这种仪器性能稳定，使用方便。

目前全站仪的品种越来越多，精度越来越高。常见的全站仪有瑞士徕卡（LEICA）、日本索佳（SOKKIA）、日本拓普康（TOPOCON）、日本尼康（NIKON）、我国的中纬及南方等多种品牌。随着电子技术和计算机技术的不断发展与应用，全站仪的智能化程度越来越高，为用户提供了更大的方便。

4.4.2 全站仪的基本构造及功能

1）全站仪的基本构造

如图4-13所示为中纬ZT20Pro全站仪的基本构造。它通过数据采集设备和微处理机的有机结合，实现了既能自动完成数据采集又能自动处理数据的功能，使整个测量过程有序、快速、准确地进行。

（1）数据采集设备。数据采集设备主要有电子测角系统、电子测距系统，还有自动补偿设备等，主要用于测量角度、距离和高差等。

（2）微处理机。微处理机是全站仪的核心装置，主要由中央处理器、随机存储器和只读存储器等构成。测量时，微处理机根据键盘或程序的指令控制各分系统的测量工作，进行必要的逻辑和数据运算以及数据存储、处理、管理、传输、显示等。

2）全站仪的功能

全站仪所能实现的功能与仪器内置的软件直接相关。目前的智能型全站仪普遍具有以下功能。

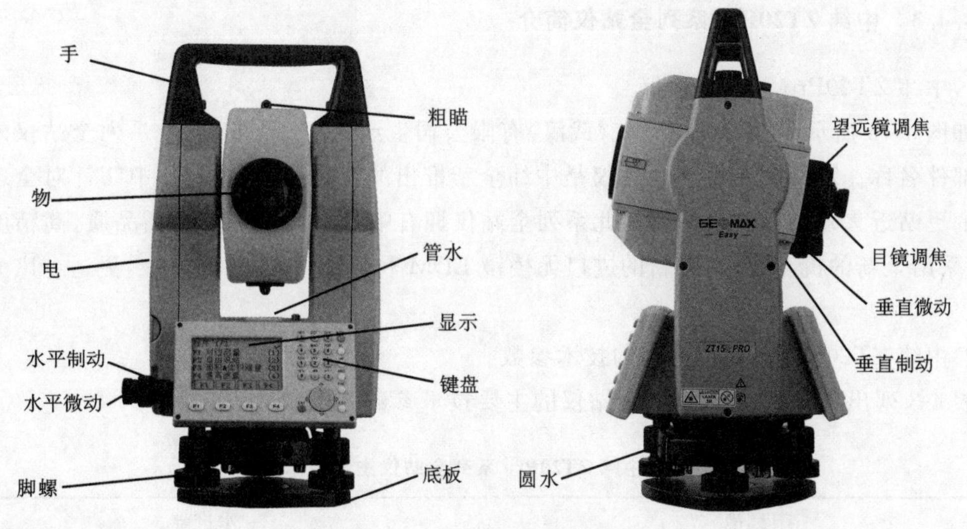

图 4-13　全站仪基本结构

(1)角度测量。自动显示瞄准目标的水平度盘和竖盘读数。

(2)距离测量。瞄准棱镜后可直接测定斜距和水平距离。

(3)高差测量。输入仪器高和棱镜高后可直接获得两点间的高差。

(4)三维坐标测量与放样。根据已知点坐标、高程,已知方位角和观测的角度、距离、高差计算出三维坐标,也可以根据输入的坐标进行坐标放样,并显示放样点的位置(图 4-14)。

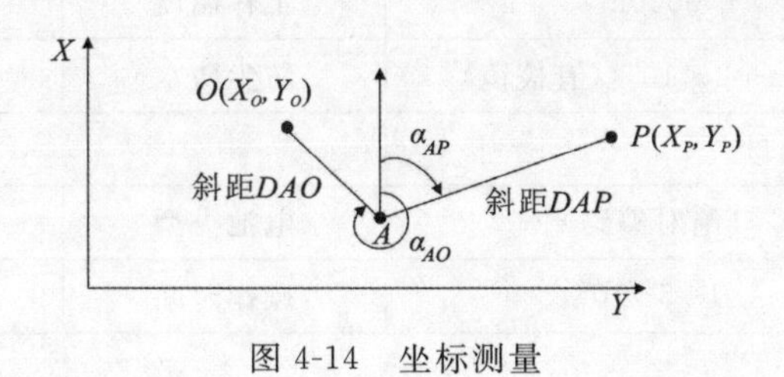

图 4-14　坐标测量

(5)对边测量。可以测定任意两点的距离、方位角和高差。测量模式既可以是相邻两点之间的折线方式,也可以是固定一个点的中心辐射方式。

(6)悬高测量。用于测量计算不可接触点,如架空电线远离地面无法安置反射棱镜时,测定其悬高点的三维坐标。

(7)自由设站。通过测量(角度、距离、高差测量的任意组合)若干已知量来自动计算所设站点的坐标和高程。

(8)偏心测量。用于待测点处不能设置棱镜的情形,将棱镜设置在待测点的左侧或右侧,通过测量可以获得待测点的坐标。

(9)面积测量。用于测量计算闭合多边形的面积,可以用任意直线和弧线段来定义一个面积区域,通过测量各点的坐标或利用文件中的数据计算出区域的面积。

(10)导线测量。利用角度和距离测量数据,按单一导线形式进行平差,平差后的坐标将自动记录到仪器内存中。

4.4.3 中纬 ZT20Pro 系列全站仪简介

1)中纬 ZT20Pro 系列全站仪

如图 4-13 所示为中纬测量系统(武汉)有限公司生产的中纬 ZT20Pro 系列全站仪外观及主要部件名称。ZT20Pro 系列全站仪是中纬全新推出的智能型全站仪,是中纬针对全球市场设计的更贴近大众测量的全站仪。此系列全站仪拥有中纬全站仪一贯的高品质、高精度技术特色,采用全新的机身架构、全新的进口无棱镜 EDM 和软件系统,价格适中,更适合广大工程用户。

2)中纬 ZT20Pro 系列全站仪的技术参数

表 4-3 列出了 ZT20Pro 系列全站仪的主要技术参数。

表 4-3 中纬 ZT20Pro 系列全站仪主要技术参数

望远镜		水准器	
孔径	40mm	管式水准器	30″/2mm
放大倍数	30×	圆水泡	8′/2mm
视场	1°30″(26m/1km)	对中器	
最短视距	1.7m	方式	激光下对点
测程		环境	
单棱镜	3000m	工作温度	−20～+50℃
精度	2mm+2×10⁻⁶(有棱镜)	防尘防水	IP54
角度测量		电源	
测角原理	绝对编码	电池类型	高能锂电
显示	1″/5″/10″	操作时间	10h(不间断测量)
精度	2″	通信	
补偿器		USB	支持
补偿原理	液态光电双轴	工作系统	
工作范围	±3′	类型	WinCE6.0

3)全站仪的使用方法

(1)全站仪安置。包括对中与整平,方法与光学经纬仪基本相同,有的全站仪使用激光对中器,操作十分方便,仪器有双轴补偿器,整平后气泡略有偏差,对观测并无影响。

(2)开机与设置。开机后仪器进行自检,自检通过后显示主菜单。测量前应进行相关设置,如各种观测量单位与小数点位设置、测距常数设置、气象常数设置、标题信息设置、测站信息设置、观测信息设置等。

(3)角度、距离、坐标测量。在标准测量状态下,角度测量模式、斜距测量模式、平距测量模式、坐标测量模式之间可相互切换。全站仪精确照准目标后,通过不同测量模式之间的转换可得到所需的观测值。

不同品牌和型号的全站仪实现同一种测量功能的操作程序不同。为了全面发挥全站仪的先进使用功能，并确保仪器的安全使用，使用前应详细阅读操作手册。

思考题

- 在丈量距离之前，为什么要进行直线定线？如何进行直线定线？
- 钢尺量距应注意哪些事项？
- 试写出视距测量的公式。视距测量有哪些误差源？
- 光电测距仪的精度标准是什么？光电测距成果应进行哪些改正？
- 全站仪的功能主要有哪些？

第5章　测量误差的基本知识

5.1　测量误差的概念

5.1.1　测量误差的来源

测绘实践中，对观测对象重复测量时，会发现各测量结果之间存在一定差异。例如，对同一段水平距离重复丈量若干次，每次观测结果并不一定完全相同。此外，若观测量之间理论上应该满足某种特定的函数关系，但实际观测结果并不完全满足这种条件。例如，平面三角形3个内角之和理论上是180°，但实际工作中，三角形各内角观测值之和通常也不等于180°。

同一观测对象的各观测值之间，或观测值函数与其理论值之间存在差异的现象，在测量工作中是普遍存在的。为什么会产生这种差异呢？这是因为观测值中包含测量误差的缘故。产生测量误差的原因很多，概括起来主要有以下3个方面。

1)测量仪器

测量工作通常是利用测量仪器进行的。每种仪器由于设计或制造等多方面的原因，都具有一定限度的精密度，致使观测值的精度也受到了影响。例如，水准测量中，用只有厘米分划的普通水准尺进行水准测量时，就难以保证厘米以下的尾数估读值完全正确。此外，水准仪的视准轴不完全平行于水准轴、水准尺的分划误差等，都会使得水准测量的结果产生误差。

2)观测者

由于观测者感觉器官的鉴别能力有一定的局限性，测绘过程中，在仪器的安置、照准、读数等方面都会产生误差。同时，观测者的工作态度和技术水平也对观测成果质量有直接影响。

3)外界条件

观测时所处的外界条件，如温度、湿度、风力、气压等因素都会对观测结果产生影响。温度的高低、湿度的大小、风力的强弱等的不同，对观测结果的影响也不一样，使观测的结果产生误差。

测量仪器、观测者、外界条件是引起观测误差的3个主要因素，上述3个因素综合起来又被称为观测条件。观测条件的好坏与观测成果质量的高低有密切关系。观测条件好，观测成果中所产生的误差就可能相应减少，观测成果的质量会高一些。反之，观测条件差，观测成果的质量就会低一些。相同观测条件下得到的一组观测值称为等精度观测值。因此，观测成果的质量高低也就客观地反映了观测条件的优劣。

不论观测条件如何，在整个观测过程中，由于不可避免地受到上述 3 个因素的影响，观测结果会产生误差。从这一意义上来说，在测量成果中，误差是不可避免的。当然，在客观条件允许的情况下，测绘工作者必须尽可能地使观测成果具有较高的质量。

5.1.2　测量误差的分类

根据测量误差的大小和对观测结果的影响性质，可将观测误差分为系统误差、偶然误差和粗差 3 种。

1)系统误差

在相同的观测条件下作一系列的观测，如果误差在大小、符号上表现出系统性，即误差或者按一定的规律变化，或者为某一常数，那么这种误差称为系统误差。

例如，用带有尺长误差的钢尺量距时，由尺长误差所引起的距离误差与所测距离的长度成正比，距离愈长，所积累的误差也愈大；角度测量时，因经纬仪校正不完善而使观测的角度产生误差等。前者是由于工具未经检验校正产生的，后者是由于仪器工作前结构不完善产生的，它们都属于系统误差。又如，用钢尺量距时的实际温度与检定尺长时的温度不一致，而使观测距离产生误差；角度测量时因大气折光的影响而产生的角度误差等，它们属于由外界条件引起的系统误差。此外，如有些观测者在照准目标时，总是习惯于把望远镜十字丝对准目标中央的某一侧，也会使观测结果带有系统误差。

系统误差对观测结果的影响具有累积作用，对成果质量的影响也特别显著。在实际工作中，应该采用各种方法尽量消除或削弱系统误差，减小其对观测成果的影响，达到可以忽略不计的程度。例如，在水准测量过程中，采用前后视距相等，可以消除由于视准轴不平行于水准轴对观测高差的影响；对量距用的钢尺预先进行检定，得到尺长误差的大小，对观测距离进行尺长改正，可以消除尺长误差对量距的影响。这些都是消除或削弱系统误差的方法。

2)偶然误差

在相同的观测条件下作一系列的观测，如果误差在大小和符号上都表现出偶然性，即从单个误差看，误差的大小和符号没有规律性，但就大量误差的总体而言，具有一定的统计规律，这种误差称为偶然误差。

例如，经纬仪测角时，测角误差是由照准误差、读数误差、大气折光、仪器本身不完善等因素综合引起的，且其中每一项误差又是包含了由许多偶然(随机)因素所引起的各种误差，如照准误差中可能含有脚架或觇标的晃动或扭转风力风向的变化、目标的背景、大气折光和大气透明度等多种偶然因素影响产生的小误差。因此，测角误差实际上是许多微小误差项的代数和，由于每项微小误差又随着偶然因素不断变化，其数值忽大忽小，符号或正或负，都不能事先预知。因此，这种性质的误差称为偶然误差。

如果构成偶然误差的各个误差项对偶然误差的影响都是均匀的小，其中没有一项比其他项的影响占绝对优势，则偶然误差是服从或近似地服从正态分布的随机变量。因此，偶然误差总体而言都具有一定的统计规律，故有时又把偶然误差称为随机误差。

3)粗差

在测量工作过程中，除了上述两种性质的误差以外，还可能出现粗差。粗差是在数据获取、传输和加工过程中，产生了重大的错误，这种错误称为粗差。例如，由于工作中粗心大意，数据读错、记错。粗差的存在不仅影响测量成果的可靠性，而且会造成返工浪费，甚至会带来难以估量的损失。因此，必须采取适当的方法和措施以保证观测结果中不存在粗差。

需要指出的是，系统误差与偶然误差总是在观测过程中同时产生的。当观测值中有显著的系统误差时，偶然误差就居于次要地位，观测误差就呈现出系统误差的性质；反之，则呈现出偶然误差的性质。

由于系统误差存在一定的规律性，因此在观测数据处理前，一般对系统误差进行改正，使观测结果不受系统误差的影响。当观测值中已经排除了系统误差的影响，或者系统误差与偶然误差相比已处于次要地位，则认为观测值中主要存在着偶然误差。

由于观测结果中不可避免地存在偶然误差，因此，在实际工作中，为提高成果的质量，同时也为了检查和及时发现观测值中是否存在粗差，通常进行多余观测。例如，观测一条边长，丈量一次就可得出其长度，但实际上总要丈量两次或更多次；一个平面三角形，只需要观测其中的两个内角，即可知道它的形状，但通常是观测全部3个内角。由于有多余观测，可以发现各观测值之间的矛盾或不符值。对观测值进行有效处理，从而消除观测值之间的矛盾与不符值，得到观测量的最可靠结果，一般是根据偶然误差的性质，按测量平差进行的。

5.1.3 偶然误差的性质

任何一个观测量，客观上总是存在着一个能代表其真正大小的数值。这一数值被称为该观测量的真值。

设对某观测对象进行了 n 次观测，观测值分别为 L_1、L_2、…、L_n，假定观测量的真值为 $\widetilde{L}_i$，由于各观测值都含有误差，因此，每一观测值与其真值 $\widetilde{L}$ 之间必存在一差数

$$\Delta_i = L_i - \widetilde{L}_i \tag{5-1}$$

式中：Δ_i 为真误差，有时简称误差。

在前面已经指出，就单个偶然误差而言，其大小或符号没有规律性，但就总体而言，却呈现出一定的统计规律性，并且指出偶然误差是服从正态分布的随机变量。人们从无数的测量实践中发现，在相同的观测条件下，大量偶然误差的分布也确实表现出了一定的统计规律性。下面通过实例来说明这种规律性。

设在某测区在相同的条件下，独立地观测了358个三角形的全部内角，由于观测值带有误差，故三内角观测值之和不等于其真值180°，根据式(5-1)，各个三角形内角和的真误差可由下式算出

$$\Delta_i = (L_1 + L_2 + L_3)_i - 180° \quad (i = 1,2,\cdots,358) \tag{5-2}$$

式中：$(L_1 + L_2 + L_3)_i$ 为第 i 个三角形内角和的观测值；Δ_i 为第 i 个三角形内角和的真误差。现取误差区间的间隔 $d\Delta$ 为 $0.20''$，将这一组误差按其正负号与误差值的大小排列，统计误差出现在各区间内的个数 v_i，以及“误差出现在某个区间内”这一事件的频率 $f_i = \frac{v_i}{n}$（此处 $n =$

358)，结果列于表 5-1 中。

表 5-1　三角形闭合差分布表

误差区间/(″)	Δ为负			Δ为负			备注
	个数 v_i	频率 f_i	$\frac{f_i}{d\Delta}$	个数 v_i	频率 f_i	$\frac{f_i}{d\Delta}$	
0.00～0.20	45	0.126	0.630	46	0.128	0.640	
0.20～0.40	40	0.112	0.560	41	0.115	0.575	
0.40～0.60	33	0.092	0.460	33	0.092	0.460	
0.60～0.80	23	0.064	0.320	21	0.059	0.295	
0.80～1.00	17	0.047	0.235	16	0.045	0.225	dΔ＝0.20″，区间左端值的误差算入该区间内
1.00～1.20	13	0.036	0.180	13	0.036	0.180	
1.20～1.40	6	0.017	0.085	5	0.014	0.070	
1.40～1.60	4	0.011	0.055	2	0.006	0.030	
大于 1.60	0	0	0	0	0	0	
Σ	181	0.505		177	0.495		

从表 5-1 中可以看出，误差的分布具有以下性质：

(1)误差的绝对值有一定的限值，这里是 1.6。

(2)绝对值较小的误差比绝对值较大的误差多。

(3)绝对值相等的正负误差个数相近。

误差分布的情况，除了采用上述误差分布表的形式表达外，还可以利用如图 5-1 的误差分布直方图表达。以横坐标表示误差的大小，纵坐标代表各区间内误差出现的频率除以区间的间隔值，即 $\frac{f_i}{d\Delta}$，此处间隔值取为 dΔ＝0.20″，根据表 5-1 的数据绘制频率分布直方图如图 5-1 所示。可见，此时图中每一误差区间上的长方条面积就代表误差出现在该区间内的频率，直方图形象地表示了误差的分布情况。

在 $n\to\infty$ 的情况下，由于误差出现的频率已趋于完全稳定，如果此时将误差区间间隔无限缩小，则可想象到，图 5-1 中各长方条顶边所形成的折线将变成如图 5-2 所示的光滑曲线。这种曲线被称为误差的概率分布曲线，或误差分布曲线。可见，随着 n 的逐渐增大，偶然误差频率分布是以正态分布为其极限的。通常也称偶然误差的频率分布为它们的经验分布，而将正态分布称为它们的理论分布。因此，在以后的理论研究中，都是以正态分布作为描述偶然误差分布的数学模型。这不仅可以带来工作上的便利，也基本符合实际情况。

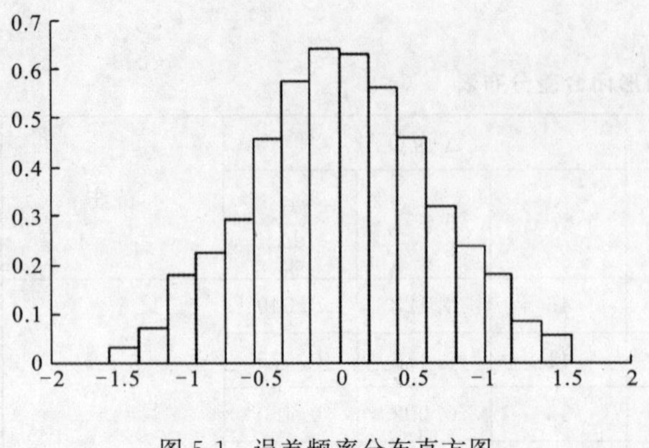

图 5-1　误差频率分布直方图

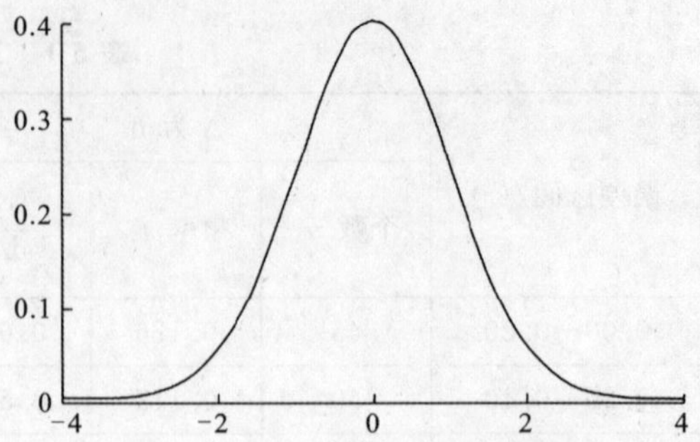

图 5-2　误差分布概率曲线

通过以上讨论，还可以进一步用概率术语来概括偶然误差的几个特性：

(1)在一定的观测条件下，误差的绝对值有一定的限值，或者说超出一定限值的误差，其出现的概率为零。

(2)绝对值较小的误差比绝对值较大的误差出现的概率大。

(3)绝对值相等的正负误差出现的概率相同。

(4)偶然误差的数学期望(算术平均值)为零，即

$$E(\Delta) = E[L - E(L)] = E(L - \widetilde{L}) = E(L) - \widetilde{L} = 0 \tag{5-3}$$

换句话说，偶然误差的理论平均值为零。

对于一系列的观测而言，不论观测条件好坏，也不论是对同一个量还是对不同的量进行观测，只要这些观测是在相同的条件下独立进行的，则所产生的一组偶然误差必然都具有上述的 4 个特性。前面讲过，图 5-2 中各长方条的纵坐标为 $\frac{f_i}{\mathrm{d}\Delta}$，其面积为误差出现在该区间内的频率。如果将这个问题提到理论上来讨论，则以理论分布取代经验分布，此时，图 5-1 中各长方条的纵坐标就是 Δ 的密度函数 $f(\Delta)$，而长方条的面积为 $f(\Delta)\,\mathrm{d}\Delta$，即代表误差出现在该区间内的概率，即

$$P(\Delta) = f(\Delta)\mathrm{d}\Delta \tag{5-4}$$

其概率密度公式为

$$f(\Delta) = \frac{1}{\sqrt{2\pi\sigma}} \mathrm{e}^{\frac{\Delta^2}{2\sigma^2}} \tag{5-5}$$

式中：σ 为中误差。当式(5-5)中的参数 σ 确定后，即可画出它所对应的误差分布曲线。由于 $E(\Delta) = 0$，所以该曲线是以横坐标为 0 处的纵轴为对称轴。例如，图 5-2 就是表示数学期望 $\mu = 0$、中误差 $\sigma = 2$ 时的概率分布曲线。由上述讨论可知，偶然误差 Δ 是服从 $N(0,\sigma^2)$ 分布的随机变量。

5.2　衡量精度的指标

从图 5-1 可知，当误差分布较为密集时，其图形在纵轴附近的顶峰较高，且由各长方条所

构成的阶梯比较陡峭；而误差分布较为分散时，在纵轴附近的顶峰则较低，且其阶梯较为平缓。这个性质同样反映在误差分布曲线图 5-2 的形态上，当中误差 σ 较小时，误差分布曲线较高而陡峭，当中误差 σ 较大时，误差分布曲线则较低而平缓。

在一定的观测条件下进行的一组观测，它对应着一种确定的误差分布。不难理解，如果误差分布较为密集，即离散度较小时，则表示该组观测质量较好，也就是说，这一组观测的精度较高；反之，如果误差分布较为离散，即离散度较大时，则表示该组观测质量较差，也就是说，这一组观测精度较低。

所谓精度，就是指误差分布密集或离散的程度。假如两组观测成果的误差分布相同，则两组观测成果的精度相同；反之，若误差分布不同，则精度也就不同。

在相同的观测条件下所进行的一组观测，由于它们对应着同一种误差分布，因此，对于该组中的每一个观测值，都称为同精度观测值。例如，表 5-1 中所列的 358 个观测结果，它们是在相同观测条件下测得的，虽然各个结果的真误差彼此并不相等，有的甚至相差很大（例如有的出现于 0.00″～0.20″区间，有的出现于 1.40″～1.60″区间）。但是由于它们所对应的误差分布相同，这些观测值彼此是同精度的。

为了衡量观测值的精度高低，把在一组相同条件下得到的误差，用误差分布表、绘制直方图或画出误差分布曲线的方法来表示。但在实际工作中，这样做比较麻烦，有时甚至很困难，而且人们还需要对精度有一个数字指标。要求该数字指标能够反映误差分布的密集或离散的程度，并称它为衡量精度的指标。

衡量精度的数值指标有很多种，下面介绍几种常用的精度指标。

5.2.1　方差和中误差

由 5.1 节知，误差 Δ 的概率密度函数为

$$f(\Delta)=\frac{1}{\sqrt{2\pi}\sigma}\mathrm{e}^{-\frac{\Delta^2}{2\sigma^2}} \tag{5-6}$$

式中：σ^2 为概率分布函数的方差。由方差的定义

$$\sigma^2=D(\Delta)=E(\Delta^2)=\int_{-\infty}^{+\infty}\Delta^2 f(\Delta)\mathrm{d}\Delta \tag{5-7}$$

式中：σ 为中误差，与方差的关系式为

$$\sigma=\sqrt{E(\Delta^2)} \tag{5-8}$$

不同的 σ 对应着不同形状的分布曲线，σ 越小，曲线越陡峭，误差分布比较密集。σ 越大，则曲线越平缓，误差分布比较离散。由概率密度函数可知，正态分布曲线具有两个拐点，它们在横轴上的坐标为 $X_{拐}=\mu_x\pm\sigma$，μ_x 为变量 X 的数学期望。对于偶然误差而言，由于其数学期望 $E(\Delta)=0$，所以拐点在横轴上的坐标应为

$$\Delta_{拐}=\pm\sigma \tag{5-9}$$

由此可见，σ 的大小可以反映精度的高低，故常用中误差 σ 作为衡量精度的指标。

如果在相同的条件下得到了一组独立的观测误差，根据积分的定义

$$\sigma^2=D(\Delta)=E(\Delta^2)=\int_{-\infty}^{+\infty}\Delta^2 f(\Delta)\mathrm{d}\Delta \tag{5-10}$$

即

$$\lim_{n\to\infty}\sum_{k=1}^{n}\Delta_k^2 f(\Delta K)\mathrm{d}\Delta=\lim_{n\to\infty}\sum_{k=1}^{n}\frac{v_k\ \Delta_k^2}{n}=\lim_{n\to\infty}\sum_{k=1}^{n}\frac{\Delta_k^2}{n} \tag{5-11}$$

有

$$\sigma^2=D(\Delta)=E(\Delta^2)=\lim_{n\to\infty}\frac{[\Delta\Delta]}{n} \tag{5-12}$$

$$\sigma=\lim_{n\to\infty}\sqrt{\frac{[\Delta\Delta]}{n}} \tag{5-13}$$

方差是真误差平方和 Δ^2 的数学期望，也就是 Δ^2 的理论平均值。在分布规律已知的情况下，它是一个确定的常数，方差 σ^2 和中误差 σ 分别是 $\frac{[\Delta\Delta]}{n}$ 和 $\sqrt{\frac{[\Delta\Delta]}{n}}$ 的极限值，它们都是理论上的数值。但是实际工作中，观测次数 n 总是有限的，由有限个观测值的真误差只能求方差和中误差的估值。方差 σ^2 和中误差 σ 的估值用符号 $\hat{\sigma}^2$ 和 $\hat{\sigma}$ 表示。在本书中，有时也用符号 m 来表示中误差的估值，因而方差的估值也可写成 m^2，即

$$m^2=\hat{\sigma}^2=\frac{[\Delta\Delta]}{n} \tag{5-14}$$

$$m=\hat{\sigma}=\sqrt{\frac{[\Delta\Delta]}{n}} \tag{5-15}$$

这是根据一组实际等精度观测值的真误差计算方差和中误差估值的基本公式。

顺便指出，由于分别采用了不同的符号以区分方差和中误差的理论值和估值，因此在本书以后文字叙述中，在不需要特别强调估值意义的情况下，也将中误差的估值简称中误差。

5.2.2 平均误差

在一定的观测条件下，一组独立的偶然误差绝对值的数学期望称为平均误差。以 θ 表示平均误差，则有

$$\theta=E(|\Delta|)=\int_{-\infty}^{+\infty}|\Delta|f(\Delta)\mathrm{d}\Delta \tag{5-16}$$

按数学期望的定义，上式也可表达成

$$\theta=\lim_{n\to\infty}\frac{[|\Delta|]}{n} \tag{5-17}$$

即平均误差是一组独立的偶然误差绝对值的算术平均值的极限。

因为

$$\begin{aligned}\theta&=\int_{-\infty}^{+\infty}|\Delta|f(\Delta)\mathrm{d}\Delta=2\int_{0}^{\infty}\Delta\frac{1}{\sqrt{2\pi}\sigma}\mathrm{e}^{-\frac{\Delta^2}{2\sigma^2}}\mathrm{d}\Delta=\\&\frac{2}{\sqrt{2\pi}}\int_{0}^{\infty}-\sigma\mathrm{d}(\mathrm{e}^{-\frac{\Delta^2}{2\sigma^2}})=\frac{2\sigma}{\sqrt{2\pi}}[-\mathrm{e}^{-\frac{\Delta^2}{2\sigma^2}}]_0^{\infty}\end{aligned} \tag{5-18}$$

所以有

$$\theta=\sqrt{\frac{2}{\pi}}\sigma\approx 0.7979\sigma\approx\frac{4}{5}\sigma \tag{5-19}$$

$$\sigma=\sqrt{\frac{\pi}{2}}\theta\approx 1.253\theta\approx\frac{5}{4}\theta \tag{5-20}$$

式(5-19)、式(5-20)是表达平均误差 θ 和中误差 σ 的理论关系式。可以看出，θ 和 σ 是一一对应的，因此，也可以用平均误差 θ 作为衡量精度的指标。

由于观测值的个数 n 总是一个有限值，因此在实际应用上也只能用 θ 的估值 $\hat{\theta}$ 来衡量精度，并用ϑ表示的估值，但仍称为平均误差。则

$$\vartheta=\pm\frac{[|\Delta|]}{n} \tag{5-21}$$

由式(5-19)、式(5-20)也可以得到如下表达式

$$\vartheta\approx 0.797\mathrm{m}\approx\frac{4}{5}\mathrm{m} \tag{5-22}$$

$$m\approx 1.253\,\vartheta\approx\frac{4}{5}\,\vartheta \tag{5-23}$$

5.2.3　或然误差

随机变量 X 落入区间(a,b)内的概率为

$$P(a<X<b)=\int_a^b f(x)\mathrm{d}x \tag{5-24}$$

对于偶然误差 Δ 来说，误差 Δ 落入区间(a,b)的概率为

$$P(a<\Delta<b)=\int_a^b f(\Delta)\mathrm{d}\Delta \tag{5-25}$$

或然误差 ρ 的定义是：误差出现在 $(-\rho,+\rho)$ 之间的概率等于 1/2，即

$$\int_{-\rho}^{+\rho} f(\Delta)\mathrm{d}\Delta=\frac{1}{2} \tag{5-26}$$

有概率积分表可查得，当概率为 1/2 时，积分限位 $0.674\,5\sigma$，即得

$$\rho\approx 0.6745\sigma\approx\frac{2}{3}\sigma \tag{5-27}$$

$$\sigma\approx 1.4826\rho\approx\frac{3}{2}\rho \tag{5-28}$$

式(5-27)、式(5-28)是或然误差 ρ 与中误差 σ 的理论关系。由于不同的 ρ 也对应着不同的误差分布曲线，因此，或然误差 ρ 也可以作为衡量精度的指标。

5.2.4　极限误差

需要指出的是，中误差不是代表个别误差的大小，而是代表误差分布的离散程度大小。由中误差的定义可知，它表示一组同精度观测值误差平方均值的平方根的极限值。中误差越小，即表示在该组观测中，绝对值较小的误差越多。大量同精度观测值的误差中，误差落在$(-\sigma,+\sigma)$、$(-2\sigma,+2\sigma)$、$(-3\sigma,+3\sigma)$的概率分别为

$$\begin{aligned}&P(-\sigma<\Delta<+\sigma)\approx 68.3\%\\&P(-2\sigma<\Delta<+2\sigma)\approx 95.5\%\\&P(-3\sigma<\Delta<+3\sigma)\approx 99.7\%\end{aligned} \tag{5-29}$$

也就是说，绝对值大于中误差的偶然误差出现的概率为31.7%，而绝对值大于2倍中误差的偶然误差出现的概率为4.5%，而绝对值大于3倍中误差的偶然误差出现的概率仅有0.3%，这已经是概率接近于零的小概率事件，或者说这是实际工作中的不可能事件。因此，通常以3倍中误差作为偶然误差的极限值$\Delta_{限}$，并称其为极限误差。即

$$\Delta_{限} = 3\sigma \tag{5-30}$$

实际工作中，也有采用2σ作为极限误差的。若用中误差的估值m代替$\hat{\sigma}$，即以$2m$或$3m$作为极限误差。在测量工作中，如果某误差超过了极限误差，那么就认为它是粗差，相应的观测值应当舍去不用。

5.2.5 相对误差

对于某些观测结果，有时仅靠中误差还不能完全表达观测结果的好坏。例如，分别丈量了1000m及80m的两段距离，观测值的中误差均为±2cm，虽然两者的中误差相同，但就单位长度而言，两者精度并不相同，显然前者的相对精度比后者要高。此时，需采用相对中误差指标来衡量观测值的精度。相对中误差是中误差与观测值之比。如上述两段距离，前者的相对中误差为1/50 000，而后者则为1/4000。

相对中误差是个无名数，在测量中一般化为$1/N$表示。经纬仪导线测量时，规范中相对闭合差不能超过1/2000，是指相对极限误差；而在实际观测计算中得到闭合差，是指真误差。与相对误差相对应，真误差、中误差、极限误差等又被称为绝对误差。

5.3 误差传播定律

在实际工作中，观测对象（在不引起歧义的情况下，观测对象有时也被称为观测量）有时不能直接测得，而是通过某些直接观测值通过一定的函数关系间接计算得到，这样的观测量称为间接观测量。例如，在导线控制测量中，要求得到各导线点的坐标，而坐标无法直接观测得到，而是通过测量距离、水平角，依据一定的函数关系式得到的。

由于直接观测值有误差，因而直接观测值的函数值也必然存在误差。阐述观测值中误差与函数中误差之间关系的定律，称为误差传播定律。根据函数的表达形式不同，函数可分为线性函数与非线性函数两种形式。

5.3.1 线性函数的中误差

线性函数的一般形式为

$$Z = k_1x_1 \pm k_2x_2 \pm \cdots \pm k_nx_n \pm k_0 \tag{5-31}$$

式中：x_1、x_2、…、x_n为独立观测值，其中误差分别为m_1、m_2、…、m_n，k_0、k_1、k_2、…、k_n为常数。

设函数Z的中误差为m_Z，下面来推导中误差之间的关系。为推导简便，先以两个独立观测值进行讨论，由于误差传播不受常数项影响，则式(5-31)可以简化为

$$Z = k_1x_1 \pm k_2x_2 \tag{5-32}$$

若x_1和x_2的真误差为Δx_1和Δx_2，则函数Z必有真误差ΔZ，即

$$Z+\Delta Z=k_1(x_1+\Delta x_1)\pm k_2(x_2+\Delta x_2) \tag{5-33}$$

由式(5-33)减去式(5-32)，得真误差的关系式为

$$\Delta Z=k_1\Delta x_1\pm k_2\Delta x_2 \tag{5-34}$$

对 x_1 及 x_2 进行 n 次观测，可得

$$\begin{aligned}\Delta Z_1&=k_1(\Delta x_1)_1\pm k_2(\Delta x_2)_1\\ \Delta Z_2&=k_1(\Delta x_1)_2\pm k_2(\Delta x_2)_2\\ &\vdots\\ \Delta Z_n&=k_1(\Delta x_1)_n\pm k_2(\Delta x_2)_n\end{aligned} \tag{5-35}$$

对上式等号两边平方求和并除以 n，则得

$$\frac{[\Delta Z^2]}{n}=\frac{k_1^2[\Delta x_1^2]}{n}+\frac{k_2^2[\Delta x_2^2]}{n}\pm 2\frac{k_1k_2[\Delta x_1\cdot\Delta x_2]}{n} \tag{5-36}$$

由于 Δx_1、Δx_2 均为独立观测值的偶然误差，因此乘积 $\Delta x_1\cdot\Delta x_2$ 也必然呈现偶然性，根据偶然误差的极限特性，有

$$\lim_{n\to\infty}\frac{k_1k_2[\Delta x_1\cdot\Delta x_2]}{n}=0 \tag{5-37}$$

由中误差的定义得

$$m_z^2=f_1^2m_1^2+f_2^2m_2^2 \tag{5-38}$$

更进一步，将函数推广至多个变量，可得线性函数中误差的关系式为

$$m_z^2=k_1^2m_1^2+k_2^2m_2^2+\cdots+k_n^2m_n^2 \tag{5-39}$$

5.3.2　非线性函数的中误差

对于非线性函数，一般形式为

$$Z=f(x_1、x_2、\cdots、x_n) \tag{5-40}$$

对函数取全微分，得

$$\mathrm{d}Z=\frac{\partial f}{\partial x_1}\mathrm{d}x_1+\frac{\partial f}{\partial x_2}\mathrm{d}x_2+\cdots+\frac{\partial f}{\partial x_n}\mathrm{d}x_n \tag{5-41}$$

因为真误差均很小，用以代替上式的 $\mathrm{d}Z$、$\mathrm{d}x_1$、$\mathrm{d}x_2$、…、$\mathrm{d}x_n$，得真误差关系式

$$\Delta Z=\frac{\partial f}{\partial x_1}\Delta x_1+\frac{\partial f}{\partial x_2}\Delta x_2+\cdots+\frac{\partial f}{\partial x_n}\Delta x_n \tag{5-42a}$$

$\frac{\partial f}{\partial x_i}(i=1、2、\cdots、n)$ 中，以观测值代入，其值为常数，因此式(5-42)是线性函数的真误差关系式，按线性函数中误差的公式可以得到非线性函数中误差关系式

$$m_z^2=\left(\frac{\partial f}{\partial x_1}\right)_0^2m_1^2+\left(\frac{\partial f}{\partial x_2}\right)_0^2m_2^2+\cdots+\left(\frac{\partial f}{\partial x_n}\right)_0^2m_n^2 \tag{5-42b}$$

常用的函数中，一般包括线性函数和非线性函数，其中误差关系式见表 5-2。

表 5-2　观测函数中误差

函数名称	函数关系式	中误差关系式
非线性函数	$Z=f(x_1、x_2、\cdots、x_n)$	$m_z^2=\left(\frac{\partial f}{\partial x_1}\right)_0^2 m_1^2+\left(\frac{\partial f}{\partial x_2}\right)_0^2 m_2^2+\cdots+\left(\frac{\partial f}{\partial x_n}\right)_0^2 m_n^2$
线性函数	$Z=k_1x_1\pm k_2x_2\pm\cdots\pm k_nx_n$	$m_z^2=k_1^2m_1^2+k_2^2m_2^2+\cdots+k_n^2m_n^2$
和差函数	$Z=x_1\pm x_2$	$m_z^2=m_1^2+m_2^2$ 或 $m_z=\pm\sqrt{m_1^2+m_2^2}$ $m_z=\pm\sqrt{2}m$(当 $m_1=m_2=m$ 时)
	$Z=x_1\pm x_2\pm\cdots\pm x_n$	$m_z^2=m_1^2+m_2^2+\cdots+m_n^2$ $m_z=\pm\sqrt{n}m$(当 $m_1=m_2=\cdots=m_n=m$ 时)
算术平均值	$Z=\frac{1}{2}(x_1\pm x_2)$	$m_z=\pm\frac{1}{2}\sqrt{m_1^2+m_2^2}$ $m_z=\frac{m}{\sqrt{2}}$(当 $m_1=m_2=m$ 时)
	$Z=\frac{1}{2}(x_1\pm x_2\pm\cdots\pm x_n)$	$m_z=\pm\frac{1}{n}\sqrt{m_1^2+m_2^2+\cdots+m_n^2}$ $m_z=\frac{m}{\sqrt{n}}$(当 $m_1=m_2=\cdots=m_n=m$ 时)
倍数函数	$Z=cx$	$m_z=cm$

应用误差传播定律求观测值函数的中误差时，首先应根据实际问题列出函数关系式，再运用误差传播定律。当列出的函数为非线性时，先对原函数进行全微分，将非线性函数线性化，然后按线性函数误差传播律求函数的中误差。应用表 5-2 中公式时，观测值必须是独立的，即函数式等号右边的观测量应互相独立，不包含共同的误差，否则应作并项或移项处理，使其均为独立观测值。

例 5-1　在 1∶2000 比例尺地形图上，测得某直线长为 167.85mm，中误差为 0.1mm。求实际长度及其中误差。

解：直线的实际长度与图上量得长度之间是倍数函数关系，则

$$D=cx=2000\times167.85\text{mm}=335.7\text{m}$$

按倍数函数误差传播律，有

$$m_D=cm=2000\times0.1\text{mm}=0.2\text{m}$$

最后结果表达为

$$D=335.7\text{m}\pm0.2\text{m}$$

5.4　观测值的算术平均值及其中误差

5.4.1　最小二乘法的基本原理

在相同的观测条件下进行的观测，称为等精度观测；在不同的观测条件下进行的观测，称为不等精度观测。无论哪一种观测，为确定一个未知量的大小，一般都对未知量进行多余观测。由于误差的存在，观测值之间就出现了矛盾。为了消除矛盾，需要对观测数据进行处理，求得未知量的最或是值（或平差值），同时评定观测值及最或是值的精度。例如，对于一段距离观测一次即可知道其大小，但为了提高精度和可靠性，一般进行往返观测，而往返观测值不会完全一样，从而出现矛盾。对于一个三角形的 3 个内角 a、b、c，只要观测其中任意两个角度，第三个角值就可以确定，但一般情况下需观测全部 3 个内角，产生一个多余观测。所测 3 个角之和应满足三角形内角和条件（称为图形条件），但由于一般情况下 $a+b+c \neq 180°$，则产生闭合差 f

$$f = a+b+c-180° \tag{5-43}$$

为了消除闭合差以满足图形条件，求得各角的最或是值，就必须在每一角上加一改正数。设 v_a、v_b、v_c 分别为三角的改正数，则

$$(a+v_a)+(b+v_b)+(c+v_c) = 180° \tag{5-44}$$

或

$$v_a+v_b+v_c = 180°-(a+b+c) = -f \tag{5-45}$$

一个方程求解 3 个未知数，存在多组解，因而需要确定 v_a、v_b、v_c 的一组最佳值。

设 L_1、L_2、…、L_n 为一组互相独立的观测值，$\hat{L}_1$、$\hat{L}_2$、…、$\hat{L}_n$ 为各观测值的最或是值（经平差后的值，也称平差值），其值为 $\hat{L}_i = L_i + v_i$，v_i 为观测值上所加的改正数，各观测值的中误差为 m_1、m_2、…、m_n。未知数的概率密度函数为

$$G = \frac{1}{m_1 m_2 \cdots m_n (2\pi)^{n/2}} \mathrm{e}^{-1/2\left(\frac{v_1^2}{m_1^2}+\frac{v_2^2}{m_2^2}+\cdots+\frac{v_n^2}{m_n^2}\right)} \tag{5-46}$$

密度函数越大，误差出现的概率就越大，式(5-46)中当 $\frac{v_1^2}{m_1^2}+\frac{v_2^2}{m_2^2}+\cdots+\frac{v_n^2}{m_n^2}=\min$，函数的值 G 为最大。因此选择的改正数应是满足

$$\frac{v_1^2}{m_1^2}+\frac{v_2^2}{m_2^2}+\cdots+\frac{v_n^2}{m_n^2}=\min \tag{5-47}$$

时的一组值。

在等精度观测时，$m_1 = m_2 = \cdots = m_n = m$，有

$$v_1^2+v_2^2+\cdots+v_n^2 = min，或[vv]=\min \tag{5-48}$$

平方是一个数的自乘，也叫二乘，按上式确定各观测值改正数的方法称为最小二乘法，这就是平差时应遵循的原则，按最小二乘法得到的观测值的改正数及观测值的估值称为平差值。

5.4.2 最或是值

设对某量进行 n 次等精度观测，观测值为 $L_i(i=1,2,\cdots,n)$，最或是值为 $\hat{L}$，v_i 为观测值的改正数，则有

$$\begin{aligned} v_1 &= \hat{L}-L_1 \\ v_2 &= \hat{L}-L_2 \\ &\vdots \\ v_n &= \hat{L}-L_n \end{aligned} \tag{5-49}$$

两边平方求和得

$$[vv]=(\hat{L}-L_1)^2+(\hat{L}-L_2)^2+\cdots+(\hat{L}-L_n)^2 \tag{5-50}$$

根据最小二乘原理，必须使 $[vv]=\min$，为此，将 $[vv]$ 对 $\hat{L}$ 取一、二阶导数

$$\begin{aligned} &\frac{\mathrm{d}}{\mathrm{d}\hat{L}}[vv]=2(\hat{L}-L_1)+2(\hat{L}-L_2)+\cdots+2(\hat{L}-L_n) \\ &\frac{\mathrm{d}^2}{\mathrm{d}\,\hat{L}^2}[vv]=2n>0 \end{aligned} \tag{5-51}$$

由于二阶导数大于零，因此一阶导数等于零时，$[vv]$ 为最小，由此，求得最或是值

$$n\hat{L}=L_1+L_2+\cdots+L_n=[L] \tag{5-52}$$

或

$$\hat{L}=\frac{[L]}{n} \tag{5-53}$$

可见观测值的算术平均值就是最或是值。

如果将式(5-49)求和，得

$$[v]=n\hat{L}-[L]=n\cdot\frac{[L]}{n}-[L]=0 \tag{5-54}$$

利用式(5-54)可以检核由式(5-49)算得各观测的改正数是否有错。

5.4.3 观测值的中误差

前面给出了精度评定的中误差公式

$$m=\pm\sqrt{\frac{[\Delta\Delta]}{n}} \tag{5-55}$$

式中：$\Delta_i=L_i-X(i=1、2、\cdots、n)$。由于真值一般难以知道，可用观测值的改正数 v_i 来推求，为此，将 $\Delta_i=L_i-X$ 与式(5-49)中 $v_i=\hat{L}-L_i$ 相加，得

$$\Delta_i=(\hat{L}-X)-v_i(i=1、2、\cdots、n) \tag{5-56}$$

将式(5-56)等号两边自乘求和,得

$$[\Delta\Delta]=n(\hat{L}-X)^2+[vv]-2(\hat{L}-X)[v] \tag{5-57}$$

式(5-57)等号两边再除以 n,顾及 $[v]=0$,得

$$\frac{[\Delta\Delta]}{n}=(\hat{L}-X)^2+\frac{[vv]}{n} \tag{5-58}$$

式(5-58)中 $\hat{L}-X$ 是最或是值的真误差,也难以求得,通常以算术平均值的中误差 $m_{\hat{L}}$ 代替,表 5-2 中求算术平均值的中误差为 $m_{\hat{L}}=\frac{m}{\sqrt{n}}$,则

$$(\hat{L}-X)^2=m_{\hat{L}}^2=\frac{m^2}{n} \tag{5-59}$$

将式(5-59)代入式(5-58),并顾及公式(5-55),得

$$m^2=\frac{[vv]}{n}+\frac{m^2}{n} \tag{5-60}$$

经整理,得

$$m=\pm\sqrt{\frac{[vv]}{n-1}} \tag{5-61}$$

5.4.4　算术平均值的中误差

根据误差传播定律,等精度观测由观测中误差 m 求得算术平均值的中误差 $m_{\hat{L}}$ 为

$$m_{\hat{L}}=\frac{m}{\sqrt{n}}=\pm\sqrt{\frac{[vv]}{n(n-1)}} \tag{5-62}$$

例 5-2　用钢尺对某段距离进行了 6 次观测,观测值列在表 5-3 中,求观测值的中误差 m 及算术平均值中误差 $m_{\hat{L}}$。

计算过程及结果列在表 5-3 中。

表 5-3　观测值及算术平均值计算表

次序	观测值 l/m	Δl/cm	改正值 v/cm	vv/cm²	计算结果
1	120.031	+3.1	−1.4	1.96	算术平均值:
2	120.025	+2.5	−0.8	0.64	$x=l_0+\frac{[\Delta]}{n}=120.017$(cm)
3	119.983	−1.7	+3.4	11.56	观测值中误差:
4	120.047	+4.7	−3.0	9.00	$m=\sqrt{\frac{[vv]}{n-1}}=3.0$(cm)
5	120.040	+4.0	−2.3	5.29	算术平均值中误差:
6	119.976	−2.4	+4.1	16.81	$m_{\bar{x}}=\frac{m}{\sqrt{n}}=1.2$(cm)
Σ	$l_0=120.000$	+10.2	0.0	45.26	

5.5 观测值的加权平均值及其中误差

5.5.1 权的定义

等精度观测的最或是值等于观测值的算术平均值,那么不同精度观测值的最或是值是什么呢?不同精度的观测值是在不同的观测条件下得到的。权用来衡量不等精度观测值的可靠程度,通常以 p 表示。不难理解,观测值精度越高,权就越大,它是衡量可靠程度的一个相对性数值。

例如,观测某一量,在相同的观测条件下,分两组按不同的次数观测,第一组观测了 4 次,第二组观测了 6 次,其观测值与中误差列于表 5-4 中。

表 5-4 不等精度观测值的中误差 单位:m

观测次序	第一组观测值			第二组观测值		
	观测值	Δ	Δ^2	观测值	Δ	Δ^2
1	18.03	+3	9	18.00	0	0
2	18.02	+2	4	17.99	−1	1
3	17.98	−2	4	18.07	+7	49
4	17.96	−4	16	18.02	+2	4
5	18.01	+1	1			
6	18.04	+4	16			
Σ		4	50		8	54
中误差	$m_1=\sqrt{\frac{[\Delta^2]}{n}}=2.9$			$m_2=\sqrt{\frac{[\Delta^2]}{n}}=3.7$		

由表 5-4 可见,第二组平均值的中误差小,结果比较精确可靠,应有较大的权。因此,可以根据中误差来确定观测值的权。权的定义为

$$p_1=\frac{\lambda}{m_i^2},(i=1,2,\cdots,n) \tag{5-63}$$

式中:λ 为任意常数,称为单位权方差。

由表 5-4 中,根据权的定义,两组观测值的权分别为

$$p_1=\frac{\lambda}{2.9^2},p_2=\frac{\lambda}{3.7^2}$$

不论 λ 取什么值,权比不变,即 $p_1:p_2=3.7^2:2.9^2$。

权是衡量精度的相对指标,可选择适当的 λ,使权成为便于计算的数值。

5.5.2 加权平均值

在不等精度观测时,采用加权平均的方法计算观测最后结果的最或是值。设对某量进行

n 次不等精度观测，观测值 l_1、l_2、…、l_n，对应权 p_1、p_2、…、p_n，定义加权平均值为

$$\hat{L}=\frac{p_1l_1+p_2l_2+\cdots+p_nl_n}{p_1+p_2+\cdots+p_n}=\frac{[pl]}{[p]} \tag{5-64}$$

根据误差传播定律，加权平均值的中误差为

$$m_{\hat{L}}=\pm\frac{\lambda}{\sqrt{[p]}} \tag{5-65}$$

式中：λ 为单位权中误差。

5.6　测量误差理论的应用

误差理论与精度评定的应用非常广泛，在本书各章有关误差分析内容中，都会涉及这方面的知识。下面以水平角观测及水准测量中有关限差制定依据说明其应用。

5.6.1　在水平角观测中的应用

1）一测回角度观测中误差

设用 DJ_6 型经纬仪观测水平角，仪器标称精度表示方向观测时一测回的中误差为 $\pm 6''$，即 $m_{1方}=6''$。由于角度值是两个方向值之差，因此，一测回角度观测中误差为

$$m_\beta=m_{1方}\times\sqrt{2}=8.5'' \tag{5-66}$$

2）半测回方向观测中误差

由于一测回方向观测值是两个半测回方向的平均值，则半测回方向观测值中误差为

$$m_{半方}=m_{方}\sqrt{2}=8.5'' \tag{5-67}$$

3）半测回角度观测中误差

半测回角度观测值是两个半测回方向观测值的差值，按照误差传播定律，半测回角值的中误差为

$$m_{\beta半}=m_{半方}\sqrt{2}=12'' \tag{5-68}$$

4）上、下半测回角度的中误差及其限差

上、下半测回角度的差值是两个半测回角值之差，两个半测回角值之差 $\Delta\beta$ 的中误差为

$$m_{\Delta\beta}=m_{\beta半}\sqrt{2}=17'' \tag{5-69}$$

取两倍中误差为允许误差，则

$$f_{\Delta\beta允}=2m_{\Delta\beta}=34''（规范里面规定为 40''） \tag{5-70}$$

5）测回差的中误差及其限差

测回差为同一角值不同测回观测值之差，故角度测回差的中误差为

$$m_{\beta测回差}=m_\beta\times\sqrt{2}=12'' \tag{5-71}$$

取两倍中误差作为允许误差，则测回差的限差为

$$f_{\beta测回差}=2\times m_{\beta测回差}=24'' \tag{5-72}$$

5.6.2　水准测量中水准尺上读数的中误差

1）水准测量一次读数中误差

影响在水准尺上读数的因素很多，如整平误差、照准误差及估读误差等。若用 DS_3 水准

仪施测，DS_3 水准仪望远镜放大倍率不应小于 25 倍，符合水准器水准管分划值 τ 为 20″/2mm，视距不超过 100m。则整平误差为

$$m_{平} = \frac{0.075\tau}{\rho''} \cdot D = 0.7\,(\mathrm{mm}) \tag{5-73}$$

照准误差为

$$m_{照} = \frac{60}{v\rho''} \cdot D = \frac{60}{25 \times 206265} \times 100 \times 1000 = 1.2(\mathrm{mm}) \tag{5-74}$$

估读误差为

$$m_{估} = 1.5(\mathrm{mm}) \tag{5-75}$$

综合上述影响，水准测量读数的中误差 $m_{读}$ 为

$$m_{读} = \sqrt{m_{平}^2 + m_{照}^2 + m_{估}^2} = \sqrt{0.7^2 + 1.2^2 + 1.5^2} = 2.0(\mathrm{mm}) \tag{5-76}$$

2)一测站高差的中误差

高差等于后视读数减前视读数，则一个测站的高差中误差

$$m_{站} = \sqrt{2} m_{读} \tag{5-77}$$

以 $m_{读}=2.0\mathrm{mm}$ 代入，得 $m_{站}=2.9\mathrm{mm}$，取 3.0mm。

3)水准路线的高差中误差及允许误差

设在两点间进行水准测量，共测了 n 个测站，水准路线高差为

$$h = h_1 + h_2 + \cdots + h_n \tag{5-78}$$

设各测站测得的高差精度相同，其中误差为 $m_{站}$，则水准路线高差中误差为

$$m_h = m_{站}\sqrt{n} \tag{5-79}$$

以 $m_{站} = 3\mathrm{mm}$ 代入上式，得 $m_h = 3\sqrt{n}\,\mathrm{mm}$。

对平坦地区而言，一般 1km 水准路线不超过 15 站，如用千米数 L 代替测站数 n，则

$$m_h = 3\sqrt{L/15} \approx 12\sqrt{L} \tag{5-80}$$

以 3 倍中误差为限差，并考虑其他因素的影响，规范规定等外水准测量高差闭合差的允许值为

$$f_{允} = 10\sqrt{n}(\mathrm{mm}),\text{或 } f_{允} = 40\sqrt{L}\,(\mathrm{mm}) \tag{5-81}$$

思考题

- 误差分为几类？分别采用什么方法或措施处理？
- 偶然误差有哪些特点？
- 衡量精度的标准有哪些？如何定义？
- 什么是误差传播律？
- 同精度观测值的最或是值是什么？
- 对某段距离，用光电测距仪观测其水平距离 4 次，观测值列于表 5-5。计算其算术平均值、算术平均值的中误差及其相对中误差。

表 5-5　距离观测数据表

观测次序	观测值 l/m	Δl/mm	改正值 v/mm	计算结果
1	346.522			
2	346.548			
3	346.538			
4	346.550			
辅助计算				

第 6 章　控制测量

测量工作的基本原则是“先整体,后局部”,“先控制,后碎部”。也就是说,在进行测量工作时,不论是地形测绘还是施工测量,为了控制误差累积,提高测量成果精度,必须首先在测区范围或施工场地内建立测量控制网,以得到的测量控制点为基础或依据,进行后续的碎部测量或施工放样。需要说明的是,平面控制测量技术目前主要通过 GNSS 技术实现,本章主要介绍利用全站仪进行平面控制测量的技术。

6.1　概　述

6.1.1　测量控制网

测量控制网是指在测区范围内选择具有控制作用的若干点,通过测量角度、边长或高差构成不同的几何图形,以求得各点的坐标或高程。构成几何图形的这些有代表性的点称为控制点,由控制点组成的几何图形称为控制网。控制网一般分为平面控制网和高程控制网,其中平面控制网的目的是确定各控制点的平面坐标(X,Y),并称确定控制点的平面坐标(X,Y)所作的测量工作称为平面控制测量;高程控制网的目的是确定各控制点的高程(H),称确定控制点高程(H)的测量工作为高程控制测量。

平面控制网可布设成测角网、测边网、边角网、导线网、GPS 网等形式。在地面上,由选定一系列点构成的相互连接而成的三角形,形成如图 6-1 所示的网,称为三角网。三角网中的控制点也称三角点,测定三角网中点的平面位置(坐标)的工作称为三角测量。通过测量各三角形顶点的水平角,再根据已知边长、方位角及已知点的坐标,利用几何关系推求各待定点的平面位置,这样的三角网称为测角网。若测定各三角形的边长,则可通过余弦定律计算三角形的三个角度,再根据已知点的坐标和已知方位角,推算出各边方位角,进而推求各待定点平面位置,这样的三角网又称为三边网或测边网。在网中既测量角度也测量边长,然后推求各待定点平面位置,则称为边角网。将选定的地面点依相邻次序连成折线形式,依次测量各折线的长度和转折角,再根据已知数据推求其余各点的平面位置的测量方法,称为导线测量,这时控制网称为导线网,如图 6-2 所示,导线网中的控制点称为导线点。随着空间技术的发展,全球定位系统用于建立平面控制网的方法日益普及,与常规控制网的布设形式相似,可布设成 GPS 三角网与 GPS 导线。采用全球定位系统建立的控制网称为 GPS 控制网,GPS 网中的控制点称为 GPS 点。

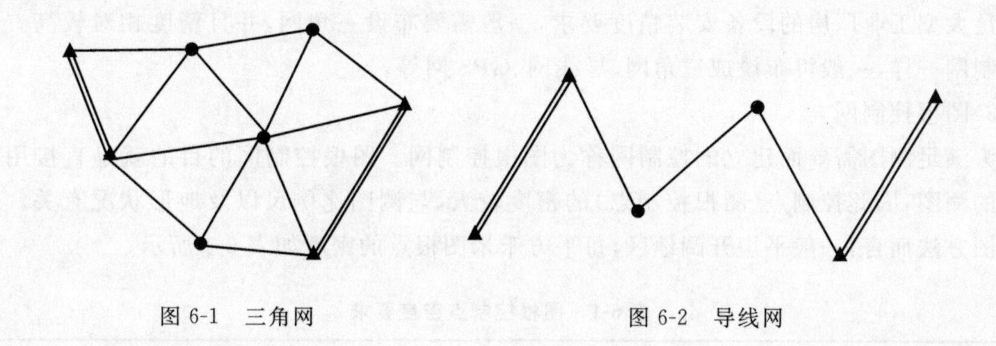

图 6-1　三角网　　　　图 6-2　导线网

高程控制测量主要采用水准测量和三角高程测量的方法建立。用水准测量方法建立的高程控制网称为水准网，这时控制点称为水准点。三角高程测量由于受大气折光影响较大，一般只用于地形起伏较大、进行水准测量方法有困难的地区，为地形图测绘提供高程基准。

1）国家等级平面控制网

国家等级平面图控制网提供全国性的、统一的空间定位基准，是全国各种比例尺测图和工程建设的基本控制网，也为空间科学技术和军事方面提供精确的点位坐标、距离、方位角等资料，并为研究地球大小和形状、地震预报等提供重要依据。国家等级平面控制网是在全国范围内由三角测量和精密导线测量建立的控制网，按精度分为一、二、三、四等 4 个等级，一、二等一般布设成三角锁，有时根据地形也布设成精密导线网，构成国家平面控制的基础，平均边长分别为 25km 与 13km。在此基础上，进一步加密三、四等三角网，平均边长分别为 8km，2～6km。一等网精度最高，低一级控制网是在高一级控制网的基础上建立的。

国家等级控制网一般每隔一定的时间更新一次，由于精度要求高，边长又长，常规的测角方法要求比较苛刻，特别是三角网一般要求网中多点通视，需要花费大量的人力和物力。GPS 技术的出现为建立国家等级控制网提供了良好的观测工具和手段，现阶段我国正在更新全国等级 GPS 网。按照 2009 年发布的《全球定位系统(GPS)测量规范》，将 GPS 控制网分为 A—E 五级，其中 A、B 两级属于国家 GPS 控制网。我国已建成覆盖全国的 A 级网点 27 个，平均边长 500km；B 级网 730 个点，其边长和精度都超过相应等级的三角网。

2）城市与工程控制网

国家等级控制网控制的范围大、密度小，不能满足相对较小范围的城市规划与城市建设的需要，为此建立了城市控制网。城市控制网一般根据城市的规模可在不同等级的国家基本控制网的基础上发展而得，中小城市一般以国家四等网作为首级控制网，面积较小的城市（小于 $10km^2$）可用四等以下的小三角网或一级导线网作为首级控制。城市平面控制网的等级根据精度高低依次为二、三、四等，一、二级小三角，一、二级小三边或一、二、三级导线。与国家等级网相似，城市控制网可布设成三角网、精密导线网、GPS 网，只是相应等级的平均边长较短。

工程控制网是为满足各类工程建设、施工放样和安全监测等而布设的控制网。工程控制网一般根据工程的规模大小、工程建设所处位置的地形及工程建筑的类别等布设成不同的形式，精度要求也不同。例如，为满足道路建设的需要，一般布设成导线网，精度要求相对较低；

为满足大型工业厂房的设备安装精度要求，一般需要布设三角网，并且精度相对较高。与城市控制网一样，一般可布设成三角网、导线网、GPS网等。

3)图根控制网

为满足测图需要而建立的控制网称为图根控制网。图根控制网的目的就是直接用于地形图的测图，因此控制点(图根控制点)的密度较大，与测图比例尺以及地形状况有关。就常规成图方法而言，一般平坦开阔地区，每平方千米图根点的密度如表6-1所示。

表6-1　图根控制点密度要求

类别	常规成图	数字测图
1∶2000	15	4
1∶1000	50	16
1∶500	150	64

图根控制网是在国家或城市控制网的基础上发展得来的，它的精度要求相对来说较低，一般要求图根点相对于起始点的点位中误差不大于图上0.1mm，其布设形式分为图根小三角、导线测量、前方交会、后方交会等。

6.1.2　控制测量的过程

建立测量控制网，不管是高等级的国家控制网，还是精度相对较低的图根控制网，都必须遵照“先整体，后局部，分级布网，逐级控制”的原则。不同精度要求控制网的实施过程也基本一致，大致可分为控制网的设计、技术设计书的编写、踏勘选点、埋石、外业观测、数据处理、技术总结、验收等几个步骤。

(1)控制网的设计。根据施测目的，确定布网形式。首先在图上选点，有条件的可进行精度估算。

(2)技术设计书的编写。根据图上选点、精度估算情况，编写技术设计书。技术设计书主要包括测区概况、施测要求、工作依据、布网方案、具体施测方法、所用仪器设备、预计达到的精度、人员安排、工期等。

(3)踏勘选点、埋石。根据图上选点情况，到现场进行实地选点，根据实地情况对图上选点方案进行调整。对选定的点埋设相应的标志。控制点的等级不同，埋石的大小、规格、要求也不尽相同，应按照相应的规范执行。

(4)外业观测。根据技术设计书的施测方法、仪器，按照相应的规范规定的程序、限差施测。

(5)数据处理。对外业观测过程中需检验的限差需当场检查，超限时及时重测，其余的放到室内处理。对于常规的三角网，数据处理主要包括三角形闭合差的检验、极条件的检验、边角条件的检验、平差处理、粗差剔除等。对于GPS网主要包括同步环、异步环的检验，三维自由网平差、约束平差、坐标转换等。

(6)技术总结。技术总结是对整个施测过程的总结，包括测区概况、具体布网方案、施测方法、所用仪器设备、外业观测的质量统计、成果的精度、工作中出现的问题与解决方法、工期等。

(7)验收。除满足行业规定标准(如《测绘成果质量检查与验收》等)外,还要满足出资方规定的要求,验收一般采用抽样检查。

6.2　方位角及坐标正反算

6.2.1　直线定向

为了确定地面两点在平面上的相对位置,必须同时知道两点间的水平距离与两点所确定直线的方向。直线的方向总是相对于某一标准方向而言的,一般用与标准方向之间的水平夹角来描述。确定直线与标准方向之间水平夹角的工作,称为直线定向。

1)标准方向

(1)真子午线方向。通过地球南北极的子午线,称为真子午线。过真子午线上任一点所作的切线并指向北端的方向,称为该真子午线方向,又称真北方向。它可以用天文测量的方法观测,也可以用陀螺经纬仪测定。

(2)磁子午线方向。过地球南北磁极的子午线,称为磁子午线。过磁子午线上任一点所作的切线并指向北端的方向,称为该点的磁子午线方向,又称磁北方向。它是磁针在该点自由静止时的指向,故可用罗盘仪测定。

(3)坐标纵轴方向。指高斯投影中的中央子午线指向北端的方向,又称为坐标北方向。过投影带内任意点的坐标纵轴方向都是相互平行的。

由于磁子午线与真子午线的方向各不相同,地球的南北极与地球的磁极不一致,因此同一点的 3 个标准方向并不一致。

2)方位角

方位角是指从标准方向的北端起,顺时针量至某一直线的水平夹角,称为该直线的方位角,根据所依据的标准方向不同,又分为真方位角、磁方位角和坐标方位角,其取值范围为 0°～360°。对于同一直线上的两点 P_1、P_2 ,正方向 P_1、P_2 的方位角与反方向 P_2、P_1 的真方位角和磁方位角不同,二者之差并不为常数,使用极不方便。而各点的坐标北方向是一致的,因此在测量上方位角一般是指以坐标纵轴方向作为标准方向的坐标方位角。

3)坐标方位角

从坐标纵轴方向的北端起,顺时针量至某一直线的水平夹角,称为该直线的坐标方位角,常用 α 表示,其取值范围为 0°～360°。

如图 6-3 所示,直线 P_1P_2 的坐标方位角为 α_{12} ,而直线 P_2P_1 的坐标方位角为 α_{21} 。α_{12} 称为直线 P_1P_2 的正坐标方位角,α_{21} 称为直线 P_1P_2 的反坐标方位角。由图中的几何关系不难看出,正、反坐标方位角间的关系为

$$\alpha_{12} = \alpha_{21} \pm 180° \tag{6-1}$$

6.2.2　坐标方位角的推算

如图 6-4 所示,若已知直线 P_1P_2 的方位角,以及直线 P_1P_2 与 P_2P_3 间的水平角,推算

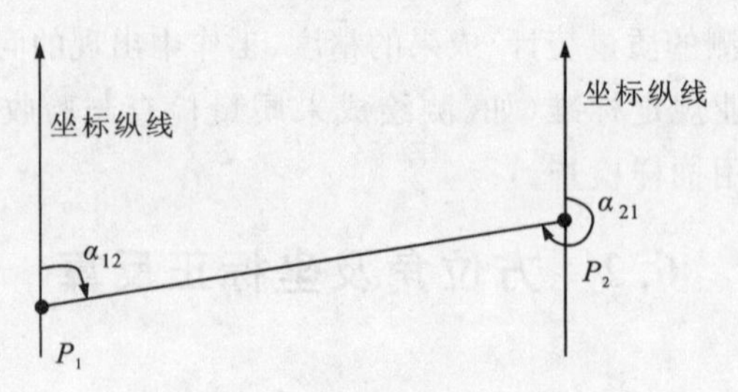

图 6-3　正、反坐标方位角

P_2P_3 的坐标方位角。按照 $P_1-P_2-P_3$ 的前进方向，P_1P_2 和 P_2P_3 两条直线在 P_2 点处的水平角 $\beta_{2左}$（$\beta_{2右}$）位于前进方向的左（右）侧，称为左（右）角，由图显然有

$$\alpha_{23}=\alpha_{12}+\beta_{左}-180° \tag{6-2}$$

或

$$\alpha_{23}=\alpha_{12}-\beta_{右}+180° \tag{6-3}$$

因此，坐标方位角推算的通用公式可写为

$$\alpha_{i(i+1)}=\alpha_{(i-1)i}+\beta_i\pm180° \tag{6-4}$$

实际应用中，若 β_i 为左角，则取"＋"号，若 β_i 为右角，则取"－"号；若 $\alpha_{(i-1)i}+\beta_i$ 小于 180°，则式中的末项取＋180°；若算出的坐标方位角大于 360°，则应减去 360°，若为负值，应加上 360°。

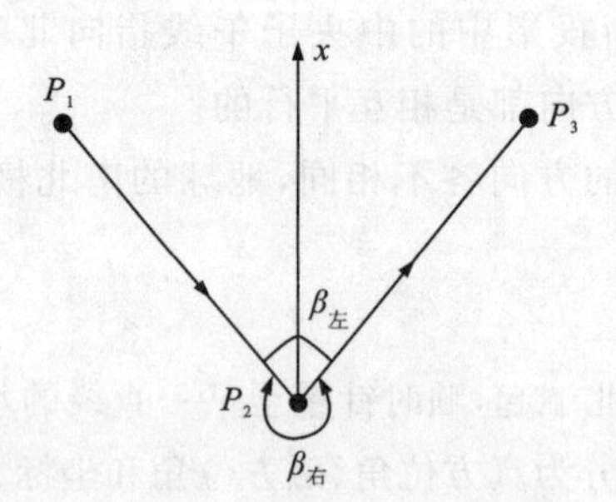

图 6-4　坐标方位角推算

6.2.3　坐标的正、反算

若已知 A 点的坐标 X_A、Y_A，直线 AB 水平距离 S_{AB} 及其坐标方位角 α_{AB}，推求 B 的坐标 X_B、Y_B，称为坐标的正算。

由图 6-5 可知

$$X_B=X_A+(X_B-X_A)=X_A+\Delta x_{AB} \tag{6-5}$$
$$Y_B=Y_A+(Y_B-Y_A)=Y_A+\Delta y_{AB} \tag{6-6}$$

直线两端点坐标的差称为坐标增量，ΔX_{AB}、ΔY_{AB} 分别称为纵、横坐标增量。由图 6-5 可进一步看出，直线的坐标增量可由该直线的水平距离 S_{AB} 及其坐标方位角 α_{AB} 计算出，即

$$\Delta x_{AB}=S_{AB}\cdot\cos\alpha_{AB} \tag{6-7}$$

$$\Delta y_{AB}=S_{AB}\cdot\sin\alpha_{AB} \tag{6-8}$$

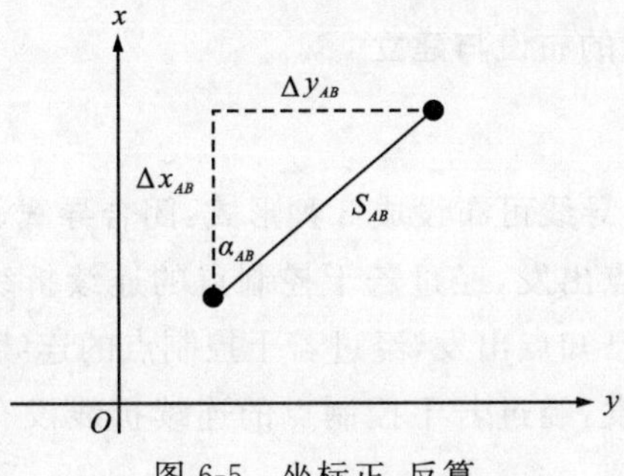

图 6-5　坐标正、反算

坐标增量的符号取决于坐标方位角的大小，或者说取决于该直线的走向。

在图 6-5 中，若已知直线 AB 两端点的坐标（X_A，Y_A）、（X_B，Y_B），反过来也就可计算该直线的水平距离 S_{AB} 及其坐标方位角 α_{AB}，称为坐标的反算。由于两端点的坐标已知，很容易求得它们的坐标增量

$$\Delta x_{AB} = X_B - X_A \tag{6-9}$$

$$\Delta y_{AB} = Y_B - Y_A \tag{6-10}$$

从图 6-5 中不难看出

$$\tan\alpha_{AB} = \Delta y_{AB} / \Delta x_{AB}, \quad S_{AB} = \sqrt{\Delta x_{AB}^2 + \Delta y_{AB}^2}$$

即

$$\alpha_{AB} = \arctan(\Delta y_{AB} / \Delta x_{AB}) \tag{6-11}$$

$$S_{AB} = \sqrt{\Delta x_{AB}^2 + \Delta y_{AB}^2} \tag{6-12}$$

由于 α_{AB} 的取值范围为 0°～360°，而 $\arctan(\Delta y_{AB} / \Delta x_{AB})$ 的周期为 −90°～+90°，因此应根据表 6-2 推算方位角。

表 6-2　坐标增量与坐标方位角对照表

ΔY	ΔX	坐标方位角
+	+	α_{AB}
+	−	$180° - \alpha_{AB}$
−	−	$180° + \alpha_{AB}$
−	+	$360° + \alpha_{AB}$

6.3　导线测量

导线测量是控制测量方法之一。由于导线布设灵活，要求通视方向少，具有精度均匀、数据处理简单等优点，在图根控制测量方面中的应用极为普遍。本节主要阐述全站仪导线的测量过程以及数据处理方法。

6.3.1 全站仪导线测量的布设与建立

1)导线的布设形式

根据测区已知点的分布,导线可布设成 3 种形式:闭合导线、附合导线和支导线,如图 6-6 所示。闭合导线是从一已知点出发,经过若干控制点的连续折线又回到起始点,形成一闭合的多边形。附合导线是从一已知点出发,经过若干控制点的连续折线附合到另一已知点的导线。支导线是从一已知点出发,经过若干控制点的连续折线没有回到原已知点,也未附合到其他已知点的导线。

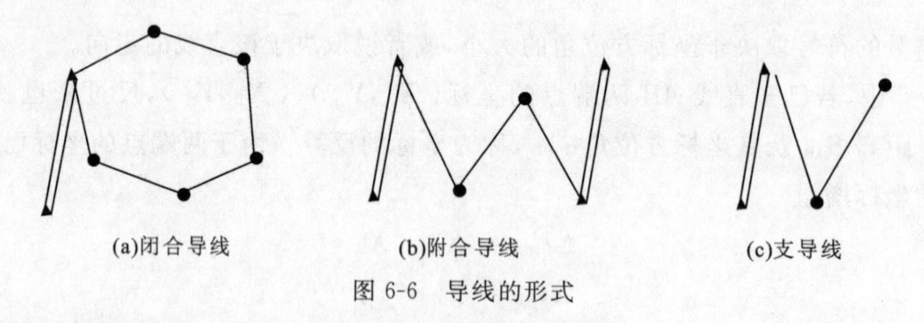

图 6-6　导线的形式

2)导线测量外业工作

(1)导线点布置。

根据测区已有的小比例尺地形图或测区具体情况,结合测图目的,拟定导线的布设形式,进行图上选点与实地选点,并设立标志,若该控制只用于测图,也可用木桩,在桩顶刻十字或打入一小钉作为点位,对所选定的点进行编号。

电磁波测距导线测量方法布设平面控制网的主要技术指标见表 6-3。

表 6-3　点间平均与测图比例尺的关系

等级	闭合或附合导线长度/km	平均边长/m	测距中误差/mm	测角中误差/(″)	导线全长相对闭合差
三等	⩽15	3000	⩽18	⩽1.5	⩽1/60 000
四等	⩽10	1600	⩽18	⩽2.5	⩽1/40 000
一级	⩽3.6	300	⩽15	⩽5	⩽1/14 000
二级	⩽2.4	200	⩽15	⩽8	⩽1/1000
三级	⩽1.5	120	⩽15	⩽12	⩽1/6000

实地选点时注意事项:点均匀分布,相邻边长度相差不宜过大;相邻点必须通视;导线点应选在视野广阔、便于测绘碎部点的地方;点应选在不易被行人或车碰触到、土质坚实便于安置仪器的地方。

(2)水平角观测。

为便于公式推导,人为地将导线的转折角分为左角与右角,称导线前进方向左侧的角为左角,右侧的角为右角。一般测量导线的左角。对于闭合导线而言,导线点按逆时针方向编号，这时导线的左角也是闭合导线的内角。

导线测量水平角观测技术要求见表 6-4。

表 6-4　导线测量水平角观测技术要求

等级	测回数			方位角闭合差/(″)
	DJ_1	DJ_2	DJ_6	
三等	8	12	—	$\pm 3\sqrt{n}$
四等	4	6	—	$\pm 5\sqrt{n}$
一级	—	2	4	$\pm 10\sqrt{n}$
二级	—	1	3	$\pm 16\sqrt{n}$
三级	—	1	2	$\pm 24\sqrt{n}$

注：n 指测站数。

(3)导线边长测量。

根据仪器配备情况与精度要求，可选用钢尺量距、光电测距中的任一种。目前一般采用光电测距。

钢尺量距：用经检定的钢尺，采用第 4 章中钢尺量距的方法丈量各导线边的水平距离，要求往返丈量的相对中误差不得超过 1/2000，困难地区不得超过 1/1000。

光电测距仪测距：图根导线的边长可采用Ⅲ类或以上光电测距仪测量，测回数取 1，每测回照准棱镜一次，读数 3～4 次，读数互差不得大于 20mm，往返观测互差不得大于仪器标称精度的 2 倍。同时读取测站温度(精确至 0.5℃)与气压(精确至 100Pa)。水平距离可根据高差求得，或按垂直角(测量一测回)求得。对外业测量的导线边长进行仪器加、乘常数的改正，气象改正，倾斜改正。

(4)测定转折角或连接角。

对于连接角一般比转折角多测一个测回。对于图根导线，角度测量的测回数与限差见表 6-5。

表 6-5　图根导线观测技术要求

比例尺	附合导线长度/m	平均边长/m	导线相对闭合差	测回数	方位角闭合差/(″)	仪器类别	方法及测回数
1∶500	900	80	≤1/4000	1	$\pm 40\sqrt{n}$	Ⅱ级	单程观测 1
1∶1000	1800	50					
1∶2000	3000	250					

3)导线测量数据的内业处理

当外业观测完成后，应及时对数据进行检查处理，包括限差的检验、粗差的检查、导线点坐标的计算等。

导线测量数据的处理方法包括严密平差计算与近似计算两种。平差计算是依据最小二乘原则，根据观测值间的几何条件或导线点坐标与观测值之间的几何关系，通过平差消除观测值之间的不符值，以求得观测值或导线点坐标平差值的方法。三角网、导线网等精度要求较高的控制网一般采用严密方法处理。对于图根控制网，其精度要求相对较低，为了简化计算同时又不影响成果使用要求的情况下，可采用近似方法处理。近似方法简化了观测值之间的相关关系，对产生的不符值进行分别处理，求得观测值的较佳成果，并推算控制点坐标的方法。下面仅介绍导线测量的近似计算方法。

6.3.2 导线测量数据的内业计算

导线测量的目的就是求得各导线点的平面坐标，作为后续工作的基础，因此所计算的结果必须准确可靠，这就要求外业观测成果必须正确无误，为此，在内业计算前必须认真审核外业原始资料、起算数据资料，保证准确无误。

对于各导线边，若能求得其坐标方位角，则可根据各导线边长计算坐标增量，从已知点出发推求各待定点的坐标。不同形式的导线，由于其附合到一定数量的已知点上，从而构成不同的几何条件。如附合导线，从一端已知点的坐标推算到另一端已知点的坐标，应与给定的坐标相同。但由于误差的存在，二者会出现差异，在规定的限差范围内可对其进行调整，使其满足相应的几何条件，这就是导线的内业计算。下面以附合导线为例来说明导线计算的方法。如图 6-7 所示为附合导线所测的数据（角度为右角）以及已知点坐标与方位角，计算 P_1、P_2点的坐标。

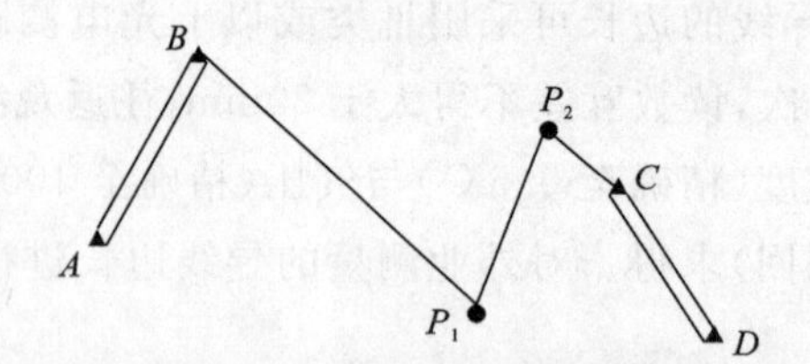

图 6-7　附合导线示意图

1）角度闭合差计算与分配

根据起始边 AB 已知方位角与观测的角度用式（6-4）连续推算各边坐标方位角 α_{B1}，α_{12} α_{2C} 及 α'_{CD}，α'_{CD} 理论上应与 α_{CD} 相同，但由于误差的存在使二者之间存在差异，称为方位角闭合差 $f_\beta=\alpha'_{CD}-\alpha_{CD}$。根据方位角的推算公式不难总结出 $\alpha'_{CD}=\alpha_{AB}+\sum\beta_i\pm n\cdot180°$，$n$ 为导线边数。

根据规范规定，对于图根导线方位角（角度）闭合差应小于 $\pm40\sqrt{n}$，否则说明角度测量可能存在粗差。若角度闭合差满足限差要求，则将其反符号平均分配到各观测角上（称为观测值改正数）。一般按整秒数分配，当出现小数时可酌情凑整。改正数之和应与闭合差大小相等、符号相反，以资校核。

2）推算各导线边的方位角

按改正后的角值及式（6-4）重新计算各边方位角。从起始边推算到终点边的方位角，应等于已知的终点边方位角，否则计算有误，应重新计算。

3)坐标增量的计算及其闭合差的调整

根据坐标正算公式(6-5)和式(6-6),依次计算各导线边的坐标增量,并根据起始点的坐标推导各导线点的坐标,直到推出终点的坐标。推算出的终点坐标理论上应与给定的坐标一致,但由于误差的存在,二者之间存在差异,称为坐标闭合差,即

$$\begin{cases} f_x = x_{起} + \sum \Delta x - x_{终} \\ f_y = y_{起} + \sum \Delta y - y_{终} \end{cases} \tag{6-13}$$

由于 f_x、f_y 的存在,导线不能闭合,其偏差 $f_S = \sqrt{f_x^2 + f_y^2}$,称为全长闭合差。导线全长闭合差与导线全长的比值 K 作为衡量导线测量精度的依据。K 称为全长相对闭合差,用分子为 1 的分数表示

$$K = \frac{f_D}{\sum D} = \frac{1}{\sum D / f_D}$$

根据规范规定,对于图根导线 K 的允许值为 1/2000,若在限差范围以内则说明成果合格,否则应检查内业计算与外业观测。成果合格则可将 f_x、f_y 反符号与距离成正比分配到各坐标增量。如设第 i 边的坐标增量改正数为 $v_{\Delta xi}$、$v_{\Delta yi}$,计算公式为

$$\begin{cases} v_{\Delta xi} = -\dfrac{f_x}{\sum D} \times D_i \\ v_{\Delta yi} = -\dfrac{f_y}{\sum D} \times D_i \end{cases} \tag{6-14}$$

一般图根导线计算精确到厘米即可。同样改正数之和应与相应的闭合差大小相等、符号相反(注意小数的进位),否则计算有误。

4)计算各导线点的坐标

根据坐标正算公式,利用改正后的坐标增量计算各导线点的坐标。

在实际的计算中,可用计算器以填表的形式进行,或者根据以上计算步骤编成程序,在计算机上完成。表 6-6 为该例题的已知数据与详细计算过程。

6.3.3　闭合导线的内业计算

从闭合导线的布设形式不难看出,闭合导线是附合导线的一种特殊形式,当附合导线的起点与终点重合时即为闭合导线。因此闭合导线的内业计算与附合导线的计算也大同小异,只是由于其特殊形式而略有不同。

1)角度闭合差的计算与分配

由于闭合导线的各导线边构成多边形,当测量的角度为导线的左角(内角)时,其内角和应与理论值相同,因此角度闭合差的计算公式为

$$f_\beta = \sum \beta_{测} - \sum \beta_{理} = \sum \beta_{测} - (n-2) \times 180° \tag{6-15}$$

式中:n 为多边形的边数。改正后的多边形内角和应与理论值相同,闭合差的分配与附合导线相同。

表 6-6　附合导线计算

点号	转折角右/(″)	改正数/(″)	坐标方位角/(″)	边长/m	Δx/m	Δy/m	x/m	y/m
A								
			45°00′00″					
B							200.000	200.000
	120°30′00″	18	104°29′42″	297.26	−0.071 −74.403	0.065 287.798		
P_1							125.526	487.863
	212°15′30″	18	72°13′54″	187.81	−0.045 57.314	0.041 178.851		
P_2							182.795	666.755
	145°10′00″	18	107°03′36″	93.40	−0.022 −27.401	0.021 89.290		
C							155.372	756.066
	170°18′30″	18	116°44′48″					
D								
$f_\beta = 72''$；$f_{容许} = \pm 40\sqrt{4} = \pm 80''$								
$f_x = 0.138\text{m}$；$f_y = -0.127\text{m}$；$K = 1/\left(\sum S/f_S\right) = 1/3110$								

2)坐标增量闭合差的计算与分配

由于起点与终点为同一点，所以

$$\begin{cases} f_x = x_{起} + \sum \Delta x - x_{终} = \sum \Delta x \\ f_y = y_{起} + \sum \Delta y - y_{终} = \sum \Delta y \end{cases} \tag{6-16}$$

坐标增量闭合差的分配及其他计算与附合导线相同或相似，不再单独举例，有兴趣的读者可查阅书后的参考文献。

6.4　三角测量

三角网是平面控制测量的主要布设形式，相对于导线测量来说，它有更多的检核条件与多余观测，因此精度与可靠性也更高。三角网的测量称为三角测量。三角网根据观测元素不同分为测角网、边角网、测边网 3 种。测角网是用全圆观测法观测网中各边的方向，利用三角形图形(内角和闭合差)条件、圆周条件以及由正弦定理等形成的条件式来检验外业观测成果，同时也可利用这些条件构成一系列的条件方程式，进行条件平差，即用条件平差求满足这些条件下的观测值的平差值，并最终得到各控制点的坐标。或者建立观测值与控制点坐标的观测方程，求满足这些方程的最小二乘解，即用间接平差直接求解待定点坐标。边角网除观测方向外，又观测全部或部分边长，运用最小二乘原理时，由于边条件与角条件方程复杂，一般采用间接平差。测边网则是观测网中全部待定边长，主要采用间接平差方法进行数据处理。随着计算机技术的普及,根据最小二乘原理编制程序,由计算机实现对控制网的数据处理已相当普遍。

以上三角测量称常规三角测量。目前也可采用 GPS 观测,由 GPS 点构成的控制网称为 GPS 网,网中观测值是各边的基线向量,根据各观测基线条件方程,按最小二乘平差,可求解各控制点坐标。

以下以三角测量为例,说明控制测量实施过程。

1)踏勘、选点

在一定比例尺的地形图上进行图上选点,确定布网方案,并可进行精度估算。当不能满足精度要求时,可以改变观测方案,如改变布网形式,提高或降低外业观测测回数,选择合适的测角、测边精度的仪器型号。外业踏勘是根据实地情况对网形进行调整。在外业选点时应注意:控制点应稳定,便于架设仪器,三角网点一般要有多个通视方向等。

2)造标、埋石

对所选定的点进行造标、埋石。在所选定的点位处埋设标石,根据控制点的等级可选用埋设预制好的标石与现场浇筑两种;埋设的深度、标石的大小应按相应等级控制点的规范要求确定。标石中心的铁质、铜质标中心即代表控制点位置。

3)外业观测

角度观测一般采用全圆观测法。观测的测回数、限差要求应参照相应等级的三角测量规范执行。边长观测一般采用测距仪施测,观测的测回数、要求、限差等应参照相应等级的电磁波测距规范执行。

4)内业数据处理

对外业观测手簿在进行内业计算前要进行全面检查。内业数据处理主要包括各种限差的检验、平差计算、精度评定、编写技术总结等。

6.5　交会测量

交会定点是加密控制点的一种方法,由于简单、方便,在工程测量领域获得普遍应用,特别在图根控制点的密度不足以满足测图需要时,是加密控制点的有效方法。交会定点包括前方交会、侧方交会、后方交会、自由设站等。

6.5.1　前方交会

前方交会是在至少两个已知点上分别架设经纬仪,测定已知边与待定点间的夹角,求定待定点坐标的方法。如图 6-8 所示,A、B 为已知点,P 为待定点,在 A、B 上架设经纬仪测量角度 α、β,求 P 点的坐标。

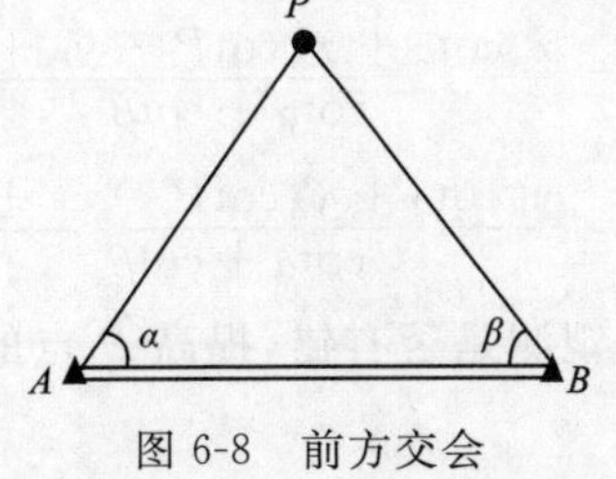

图 6-8　前方交会

由于 A、B 为已知点，因此由坐标反算公式可求得 AB 的方位角、边长，根据 α、β 角及正弦定理可求得 AP、BP 的方位角及边长，根据坐标正算公式求得 P 点的坐标。

由图可知：$\alpha_{AP}=\alpha_{AB}-\alpha$，则由坐标正算公式得

$$\begin{cases} x_P = x_A + D_{AP}\times\cos\alpha_{AP} = x_A + D_{AP}\times\cos(\alpha_{AB}-\alpha) \\ y_P = y_A + D_{AP}\times\sin\alpha_{AP} = y_A + D_{AP}\times\sin(\alpha_{AB}-\alpha) \end{cases} \tag{6-17}$$

展开得

$$\begin{cases} x_P = x_A + D_{AP}\times(\cos\alpha_{AB}\cos\alpha + \sin\alpha_{AB}\sin\alpha) \\ y_P = y_A + D_{AP}\times(\sin\alpha_{AB}\cos\alpha - \cos\alpha_{AB}\sin\alpha) \end{cases} \tag{6-18}$$

又因为

$$\begin{cases} \cos\alpha_{AB} = \dfrac{x_B - x_A}{D_{AB}} \\ \sin\alpha_{AB} = \dfrac{y_B - y_A}{D_{AB}} \end{cases} \tag{6-19}$$

代入式(6-18)得

$$\begin{cases} x_P = x_A + \dfrac{D_{AP}}{D_{AB}}\times[(x_B - x_A)\cos\alpha + (y_B - y_A)\sin\alpha)] \\ \quad = x_A + \dfrac{D_{AP}\sin\alpha}{D_{AB}}\times[(x_B - x_A)\cot\alpha + (y_B - y_A)] \\ y_P = y_A + \dfrac{D_{AP}}{D_{AB}}\times[(y_B - y_A)\cos\alpha - (x_B - x_A)\sin\alpha)] \\ \quad = y_A + \dfrac{D_{AP}\sin\alpha}{D_{AB}}\times[(y_B - y_A)\cot\alpha - (x_B - x_A)] \end{cases} \tag{6-20}$$

根据正弦定理可以写出

$$\frac{D_{AP}}{D_{AB}} = \frac{\sin\beta}{\sin(180^\circ - \alpha - \beta)} = \frac{\sin\beta}{\sin\alpha\cos\beta + \cos\alpha\sin\beta} \tag{6-21}$$

从而得

$$\frac{D_{AP}\sin\alpha}{D_{AB}} = \frac{\sin\alpha\cdot\sin\beta}{\sin\alpha\cos\beta + \cos\alpha\sin\beta} = \frac{1}{\cot\alpha + \cot\beta} \tag{6-22}$$

代入式(6-18)并整理得

$$\begin{cases} x_p = \dfrac{x_A\cot\beta + x_B\cot\alpha - y_A + y_B}{\cot\alpha + \cot\beta} \\ y_p = \dfrac{y_A\cot\beta + y_B\cot\alpha - x_A + x_B}{\cot\alpha + \cot\beta} \end{cases} \tag{6-23}$$

式(6-21)称为余切公式。由于该公式按图 6-8 中的编号形式推导，因此在实际应用中应注意。为检核计算有无错误，可用下式

$$\begin{cases} x_{\mathrm{B}} = \dfrac{x_p\cot\alpha + x_A\cot P - y_P + y_A}{\cot\alpha + \cot\beta} \\ y_B = \dfrac{y_P\cot\alpha + y_A\cot P - x_P + x_A}{\cot\alpha + \cot\beta} \end{cases} \tag{6-24}$$

在实际作业中，为了检查外业观测是否有错，提高 P 点的精度和可靠性，一般规范规定用

3 个已知点进行交会。分别以 A、B、C 交会 P 点，得到两组坐标，两组坐标差若不超过图上 0.2mm，即可认为合格，取两组坐标的平均值作为最后坐标。

根据交会点的误差分析可知，当交会角在 90°时，精度最好。工作中，要求交会角一般不应大于 150°，不小于 30°。

6.5.2 侧方交会

若两个已知点中有一个不易到达或不方便安置仪器时，可采用侧方交会。侧方交会是在一已知点与未知点上设站，测定两角度 α、γ，如图 6-9 所示。计算未知点的坐标可按前方交会方法进行，此时 $\beta=180°-\alpha-\gamma$，代入式(6-23)即可。

6.5.3 后方交会

后方交会是在未知点上设站，测定至少 3 个已知点间夹角，确定未知点坐标的方法。如图 6-10 所示，A、B、C 为 3 个已知点，P 为待定点，在 P 点测定 α、β。后方交会的公式很多，这里给出最常用的一种。

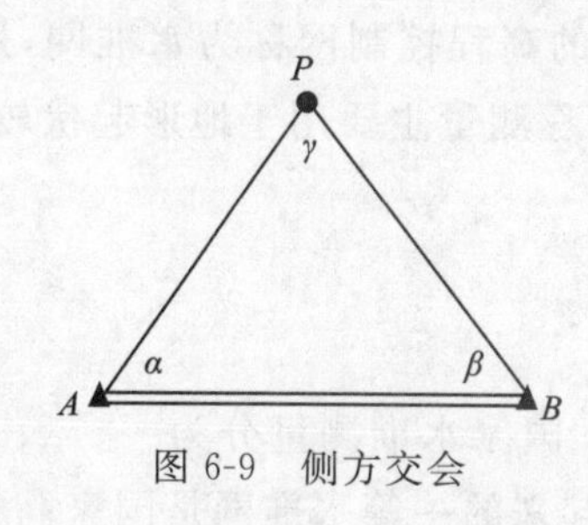

图 6-9 侧方交会

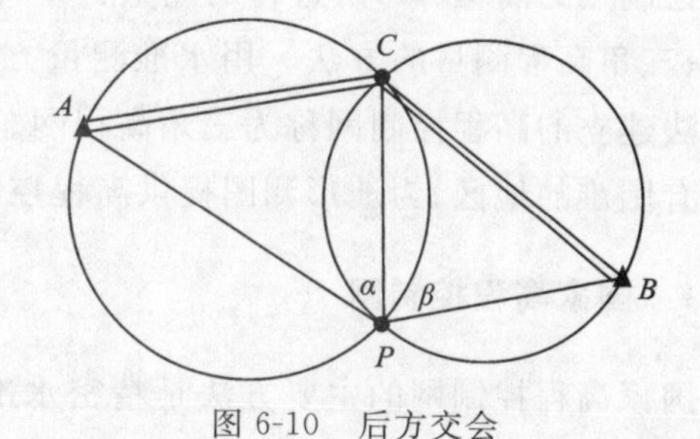

图 6-10 后方交会

设

$$\begin{cases} K_1=(x_A-x_C)+(y_A-y_C)\cot\alpha \\ K_2=(y_A-y_C)+(x_A-x_C)\cot\alpha \\ K_3=(x_B-x_C)+(y_B-y_C)\cot\beta \\ K_4=(y_B-y_C)+(x_B-x_C)\cot\beta \end{cases} \tag{6-25}$$

则

$$\begin{cases} \tan\alpha_{CP}=\dfrac{K_3-K_1}{K_2-K_4} \\ \Delta x_{CP}=\dfrac{K_1+K_2\tan\alpha_{CP}}{1+\tan^2\alpha_{CP}}=\dfrac{K_3+K_4\tan\alpha_{CP}}{1+\tan^2\alpha_{CP}} \\ \Delta y_{CP}=\Delta x_{CP}\tan\alpha_{CP} \end{cases} \tag{6-26}$$

从而求得 P 点的坐标。当 P 点位于 A、B、C 三点所决定的圆周上，则无论 P 点位于圆上任何一点，所测角度都不变，即 P 点产生多解，测量上称该圆为危险圆。因此选点时，应使 P 点尽量远离危险圆。

为了提高定点的精度与可靠性，一般规定用四点后交测定 3 个角度观测值 α、β、γ，可分别根据其中 3 点计算两组不同的结果，满足精度要求时取平均值作为最后坐标，或者将第 4

个方向作为检核方向，用其他三点交会的结果反算第三个角 γ，则 $\Delta\gamma = \gamma_{算} - \gamma_{测}$ 计算 P 点的横向位移为

$$e = \frac{D_{PD} \cdot \Delta\gamma''}{\rho''} \leqslant 2 \times 0.1M(\text{mm}) \tag{6-27}$$

式中：M 为比例尺分母。

6.5.4 自由设站法

自由设站法是随着全站仪的出现而普遍应用的一种方法，与后方交会相似，它是在未知点上设站，测定至少与两个点间的角度、边长，求定未知点坐标的一种方法，如图 6-11 所示。由于有较多的多余观测值，自由设站数据处理一般采用最小二乘平差方法进行。

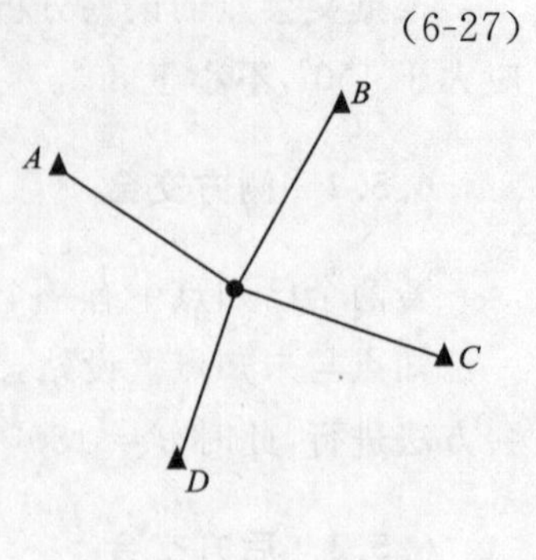

图 6-11 自由设站法

6.6 高程控制测量

测定控制点的高程(H)所进行的测量工作，称为高程控制测量。高程控制测量主要采用水准测量、三角高程测量的方法。用水准测量方法建立的高程控制网称为水准网，用三角高程测量方法建立的高程控制网称为三角高程网。三角高程测量主要用于地形起伏较大、直接水准测量有困难的地区，为地形测图提供高程控制。

6.6.1 国家高程控制网

建立国家高程控制网的主要方法是精密水准测量。国家水准测量分为一、二、三、四等，精度依次逐级降低。一等水准测量精度最高，由它建立起来的一等水准网是国家高程控制网的骨干。二等水准网在一等水准环内布设，是国家高程控制网的全面基础。三、四等水准网是国家高程控制点的进一步加密，主要为测绘地形图和各种工程建设提供高程起算数据。三、四等水准测量路线应附合于高级水准点之间，并尽可能交叉，构成闭合环。施测要求应严格按照《国家一、二等水准测量规范》与《国家三、四等水准测量规范》。

6.6.2 城市高程控制网

城市高程控制网主要是水准网，等级依次分为二、三、四等。城市首级高程控制网不应低于三等水准。光电测距三角高程测量可代替四等水准测量。经纬仪三角高程测量主要用于山区的图根控制及位于高层建筑物上平面控制点的高程测定。城市高程控制网的首级网应布设成闭合环线，加密网可布设成附合路线、结点网和闭合环，一般不允许布设水准支线。

6.6.3 三、四等水准测量

三、四等水准测量的精度要求较普通水准测量的精度高，其技术指标见表 6-7。三、四等水准测量的水准尺，通常采用木质的红黑面双面标尺。

表 6-7　三、四等水准测量作业限差

等级	仪器类型	标准视线长度/m	后前视距差/m	后前视距差累积/mm	黑红面读数差/mm	黑红面所测高差之差/mm	检测间隙点高差之差/mm
三等	S3	65	3.0	6.0	2.0	3.0	3.0
四等	S3	80	5.0	10.0	3.0	5.0	5.0

1)观测程序

《国家三、四等水准测量规范》(GB/T 12898—2009)规定了其观测程序，在一测站上的观测程序如下：

(1)照准后视标尺黑面，读取上、下视距丝、中丝读数。

(2)照准前视标尺黑面，读取上、下视距丝、中丝读数。

(3)照准前视标尺红面，读取中丝读数。

(4)照准后视标尺红面，读取中丝读数。

这样的观测程序可简称为“后前前后”(黑、黑、红、红)。四等水准测量也可采用“后后前前”(黑、红、黑、红)的观测程序。读取读数应及时记入相应的表格，并及时计算是否在限差范围内。四等水准测量的观测记录及计算见表 6-8。为了便于说明，表中带括号的号码为观测读数和计算的顺序，(1)～(8)为观测数据，其余为计算数据。

2)测站上的计算与校核

(1)高差部分。

$$(9)=(6)+K_2-(7)$$

$$(10)=(3)+K_1-(8)$$

$$(11)=(10)-(9)$$

(10)及(9)分别为后、前视标尺的黑红面读数之差，(11)为黑红面所测高差之差。K_1、K_2 为后、前视标尺黑红面的差数，一般为 4787 或 4687。

$$(16)=(3)-(6)$$

$$(17)=(8)-(7)$$

(16)为黑面所算得的高差，(17)为红面所算得的高差。由于两根尺子黑红面零点差不同，所以(16)并不等于(17)，二者相差 100，即

$$(11)=(16)\pm 100-(17)$$

$$(18)=[(16)+(17)\pm 100]/2$$

(2)视距部分。

$$(12)=(1)-(2)$$

$$(13)=(4)-(5)$$

$$(14)=(12)-(13)$$

表 6-8　四等水准测量观测手簿

测站编号	后尺 下丝	前尺 下丝	方向及尺号	标尺读数		K＋黑－红	高差中数	备注
	后尺 上丝	前尺 上丝		黑面	红面			
	后距	前距						
	视距差	视距差累积						
	(1)	(5)	后	(3)	(8)	(10)		
	(2)	(6)	前	(4)	(7)	(9)		
	(12)	(13)	后－前	(16)	(17)	(11)		
	(14)	(15)						
1	1571	0739	后	1384	6171	0		
	1197	0363	前	0551	5239	−1		
	374	376	后－前	0833	0932	1		
	−0.2	−0.2					0832.5	
2	2121	2196	后	1934	6621	0		
	1747	1821	前	2008	6796	−1		
	374	375	后－前	−0074	−0175	1		
	−0.1	−0.3					−0074.5	

(12)为后视距离，(13)为前视距离，(14)为前后视距差，(15)为前后视距差累积。若返现超限，应立即重测。

3)线路的计算与检核

高差部分。

$$\sum(3)-\sum(6)=\sum(16)=h_{黑}$$

$$\sum\{(3)+K\}-\sum(8)=\sum(10)$$

$$\sum(8)-\sum(7)=\sum(17)=h_{红}$$

$$\sum\{(6)+K\}-\sum(7)=\sum(9)$$

测站为奇数时

$$h_{中}=(h_{黑}+h_{红}\pm 100)/2=\sum(18)$$

测站为偶数时

$$h_{中}=(h_{黑}+h_{红})/2$$

式中：$h_{黑}$、$h_{红}$分别为一测段黑面、红面所得高差；$h_{中}$为高差中数。

末站

$$(15) = \sum(12) - (13)$$

总视距

$$\sum(12) + \sum(13)$$

若迁站后才检查发现超限,则应从水准点或间歇点起,重新观测。

4)三(四)等水准测量成果整理

对于单一的水准路线(附合水准路线、闭合水准路线、支水准路线),测量工作完成后,首先应对记录手簿进行详细检查,并计算闭合差是否超限,确认无误后再进行高差闭合差的调整与高程的计算。

对于由若干单一水准路线组成的水准网,应进行严密的最小二乘平差计算,求各点高程与精度。

6.6.4　三角高程测量

1)三角高程测量的原理,

前面介绍了用水准测量的方法测定点与点之间的高差,从而可由已知高程点求得另一点的高程。这种方法普遍用于建立各种等级的控制网。但若用这种方法在地面高低起伏较大地区测定地面点的高程就非常困难。因此在一般地区如果高程精度要求不太高时,可采用三角高程测量的方法。

如图 6-12 所示,要测定地面上 A、B 两点间高差 h_{AB} ,在 A 点架设经纬仪或全站仪,在 B 点竖觇牌或棱镜。量取望远镜旋转轴中心 I 至地面上 A 点的高度称为仪器高 i ,量取觇牌横丝或棱镜中心到 B 点的高度称为目标高 v ,读取 IM 与水平视线 IN 间所构成的竖直角 α ,设 IM 两点间的距离为 S ,可用视距测量或全站仪测量获得,则由图 6-12 可得两点间高差 h_{AB} 为

$$\begin{cases} h_{AB} + v = S\sin\alpha + i \\ h_{AB} = S\sin\alpha + i - v \end{cases} \tag{6-28}$$

若 A 点的高程已知为 H_A ,则 B 点的高程为

$$H_B = H_A + h_{AB} = H_A + S\sin\alpha + i - v \tag{6-29}$$

当仪器设在已知高程点,观测该点与未知高程点之间的高差称为正觇;反之仪器设在未知点,测量该点与已知高程点之间的高差称为反觇。一个正觇、反觇组成双向观测或对向观测。

2)地球曲率与大气折光的影响

在式(6-28)、式(6-29)中,没有考虑地球曲率与大气折光对所测高差的影响。这种影响简称球气差,一般表示为

$$f = (1 - k)\frac{S^2}{2R} \tag{6-30}$$

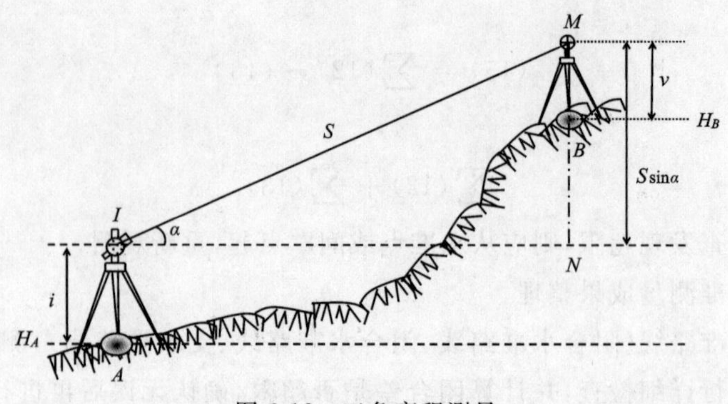

图 6-12 三角高程测量

式中：R 为地球平均半径，一般取 6378km；k 为大气折光系数经验值，取 0.143。

可见

$$\begin{cases} h_{AB} = S\tan\alpha_{AB} + i_1 - v_1 + (1-k)\dfrac{S^2}{2R} \\ H_B = H_A + S\tan\alpha_{AB} + i_1 - v_1 + f \end{cases} \tag{6-31}$$

若在两点上分别安置仪器进行对向观测，并计算所测得的高差

$$h_{BA} = S\tan\alpha_{BA} + i_2 - v_2 + (1-k)\frac{S^2}{2R} \tag{6-32}$$

取其绝对值的平均值

$$h = \frac{1}{2}(S\tan\alpha_{AB} - S\tan\alpha_{BA} + i_1 - i_2 - v_1 + v_2) \tag{6-33}$$

可见通过对向观测取平均可以消除球气差的影响。

思考题

- 什么是控制测量？分为哪两类？
- 导线测量的布设形式有哪些？
- 简述经纬仪导线测量的外业步骤。
- 简述导线内业计算的步骤。
- 附合导线与闭合导线计算有哪些异同？
- 简述三、四等水准测量的观测程序。
- 简述三角高程测量的原理。

第 7 章　GNSS 定位测量

GNSS 的全称是全球导航卫星系统(Global Navigation Satellite System),它是泛指所有的卫星导航系统,包括全球的、区域的和增强的,如美国的 GPS、俄罗斯的 GLONASS、欧洲的 Galileo、中国的北斗卫星导航系统,以及相关的增强系统,如美国的 WAAS(广域增强系统)、欧洲的 EGNOS(欧洲静地导航重叠系统)和日本的 MSAS(多功能运输卫星增强系统)等,还涵盖在建和以后要建设的其他卫星导航系统。本章以 GPS 为例进行描述。

7.1　基本原理

GPS(Navigation Satellite Timing and Ranging/Global Positioning System,NAVSTAR/GPS)是美国国防部为陆、海、空三军研制的新一代卫星导航定位系统,是美国继阿波罗登月和航天飞机之后的第三个空间工程。该系统利用卫星的测时和测距进行导航定位,以构成全球卫星定位系统,是无线电通信技术、电子计算机技术、测量技术以及空间技术相组合的高技术产物。系统 1973 年被提出,经过 20 余年的分阶段建设,1993 年正式建成,具有全球导航、定位和授时的功能。自系统投入使用以来,GPS 在导航与定位技术领域内,以其全球性、全天候、成本低等优点显示出强大的生命力和竞争力,在测量学、导航学及其相关学科领域获得了极其广泛的应用。

7.1.1　基本组成

如图 7-1 所示,整个 GPS 定位系统由三大部分组成:GPS 卫星组成的空间星座部分、若干地面站组成的地面监控部分和以接收机为主体的用户设备部分。

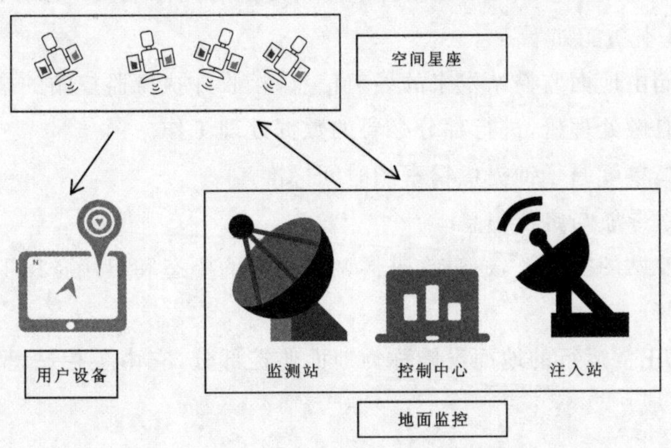

图 7-1　GPS 三大组成部分及其相互关系

1)空间星座部分

如图7-2所示,GPS的空间卫星星座由21颗工作卫星和3颗在轨备用卫星组成,这些卫星分布在6个轨道面内,每个轨道面上有4颗卫星。卫星轨道面相对地球赤道面的倾角为55°,各轨道平面升交点赤经相差60°,在相邻轨道上卫星的升交角距相差3°。轨道平均高度约为20 200km,卫星运行周期为11h58min。GPS卫星在空间的以上配置,保障了地球上任何地点、任何时刻都可以同时观测到4颗以上的卫星。卫星信号的传播和接收不受天气的影响,这就使GPS成为一种全球性、全天候的连续实时导航定位系统。

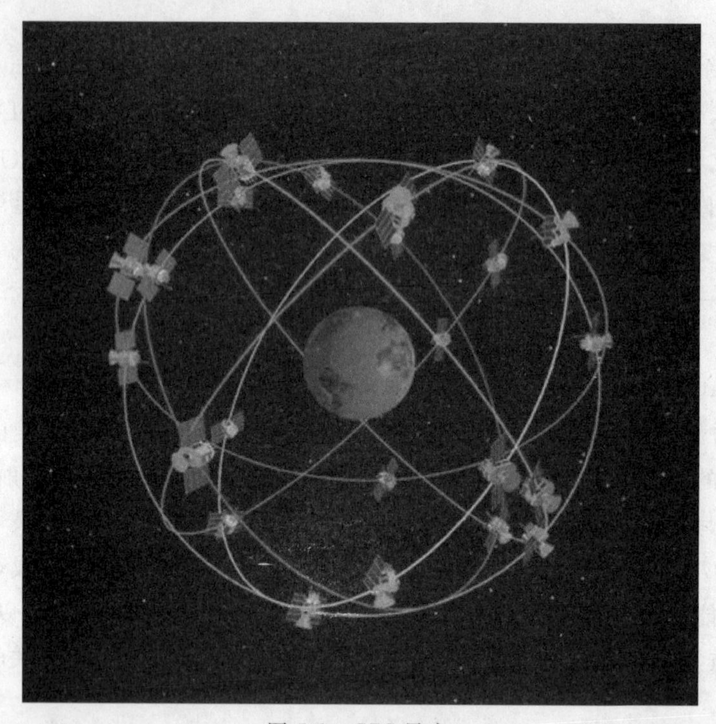

图7-2 GPS星座

GPS卫星由洛克韦尔国际公司空间部研制。主体呈柱形,采用铝蜂窝结构,星体两侧装有两块双叶对日定向太阳能电池帆板,工作卫星设计寿命为7年。每颗卫星装有4台高精度原子钟,它们发射标准频率,为GPS测量提供高精度的时间标准。

GPS卫星的基本功能如下:

(1)接收和存储由地面监控站发来的导航信息,接收并执行监控站的指令。

(2)卫星上设有微处理机,进行部分必要的数据处理工作。

(3)通过星载高精度原子钟提供精密的时间标准。

(4)向用户发送导航与定位信息。

(5)在地面监控站的指令下,通过推进器调整卫星的姿态和启用备用卫星。

2)地面监控部分

支持整个系统正常运行的地面设施称为地面监控部分,它由主控站、监测站、注入站以及通信和辅助系统组成。

主控站设在科罗拉多州的联合空间执行中心，除了协调和管理调控系统的工作外，其主要任务如下：

(1)采集数据。采集各个监测站传送来的数据，包括卫星的伪距、积分多普勒、时钟、工作状态、监测站自身的状态、气象要素以及海军水面兵器中心的参考星历。

(2)编辑导航电文。根据采集的数据计算每一颗卫星的星历、时钟改正数、状态参数、大气改正数等，并按一定格式编辑为导航电文，传送到注入站。

(3)诊断功能。对地面支持系统的协调工作和卫星的健康状况进行诊断，并进行编码和编入导航电文发送给用户。

(4)调整卫星。根据需要对卫星进行调整，或者调整卫星轨道到正常位置，或者用备用卫星取代失效的工作卫星。

3 个注入站分别设在印度洋的迭戈加西亚(Dieg Carcia)、南大西洋的阿松森群岛(Ascension Island)和南太平洋的卡瓦加兰(Kwajalein)。注入站的主要任务是在主控站的控制下，将主控站推算和编制的卫星星历、钟差、导航电文和其他控制指令等注入到相应卫星的存储系统，并监测注入信息的正确性。

监测站是在主控站直接控制下的数据自动采集中心，目前设立了 17 个监测站，遍布全球。站内设有双频 GPS 接收机、高精度原子钟、计算机和若干环境数据传感器。接收机连续观测 GPS 卫星、采集数据、监测卫星的工作状况。环境传感器收集当地有关的气象数据。所有观测资料由计算机进行初步处理，再存储和传送到主控站，用以确定卫星的精密轨道。

整个 GPS 的地面监控部分，除主控站外均无人值守，各站间用现代化的通信系统联系起来，在原子钟和计算机的精确控制下自动运行。

3)用户设备部分

GPS 的空间部分和地面监测部分是用户广泛应用该系统进行导航和定位的基础，用户只有通过用户设备，才能实现导航和定位的目的。GPS 接收机大体上可分为三大类：导航型、测地型和授时型。接收机由天线单元和接收单元(包括通道单元、计算与显示单元、存储单元、电源等)构成。导航型接收机结构简单、体积小、精度低、价格便宜，一般采用单频 C/A 码伪距接收技术，定位精度为 30～50m，用于航空、航海和陆地的实时导航。测地型接收机结构复杂、精度高、价格昂贵，采用双频伪距与载波相位接收技术，用于大地测量、地壳形变监测以及精密测距中，测量基线精度达到10^{-9}～10^{-7}，如图 7-3 所示。

用户设备的主要任务是接收 GPS 卫星发射的信号，以获得必要的导航和定位信息，并经数据处理完成导航和定位工作。天线接收卫星发射的信号，经前置放大器放大后进行变换处理，前置放大器采用宽带低噪声载频放大器改善信噪比。信号处理变频器则把射频信号变成中频信号，经放大、滤波，送给伪距码延时锁定环路，对信号进行解扩、解调，得到基带信号。从载波锁定环路提取与多普勒频移相应的伪距变化率，从伪码延时锁定环路提取伪距。导航定位计算部分从基带信号中译出星历、卫星时钟校正参数、大气校正参数、时间标记点、历书，用这些参数结合伪距

图 7-3　GPS 接收机

和伪距变化率以及一些初始数据,完成用户位置和速度的计算以及最佳导航星座的选择计算等工作。

接收机的工作过程如下:

(1)选择卫星。用户必须预先知道全部导航星的概略星历,并从可见星座(4~11 颗)中选取 4 颗以上几何关系最好的卫星。若接收机刚投入使用,还没有这种数据,则需搜捕卫星信号。

(2)搜捕和跟踪被选卫星信号。搜捕信号不必每位码从头到尾进行搜捕,只要粗略地知道用户位置,便可在大概的用户到卫星的距离上搜捕,一旦捕获到卫星信号并进入跟踪,那么就可以得到导航信息。

(3)获取粗略伪距并进行修正。用双频测得的伪距差,对测量伪距进行大气附加延时的修正。只用 C/A 码的接收机无法进行此项工作。

(4)导航定位计算。实时计算出测站的三维位置,以及三维速度和时间。

目前,各种类型的 GPS 接收机体积越来越小,重量越来越轻,便于野外观测。随着欧洲的 Galileo 计和中国的北斗导航定位系统等相继建设,研制出 GPS 与 GLONASS、Galileo 和 BDS 等兼容的双星或三星导航定位系统,构成全球卫星导航定位系统(Global Navigation Satellite System,GNSS)。随着微电子技术的发展,有手表式的 GPS 接收机问世,它不仅提供精确的时间,而且提供其三维位置。手机导航和车载导航等个性化产品已大量生产并广泛应用。

7.1.2 GPS 信号

GPS 卫星信号一般包括 3 种信号分量:载波、测距码和数据码。GPS 使用 L 波段,配有两种载波。

载波 L_1 : $f_{L_1} = f_0 \times 154 = 1\,575.42$ MHz,波长 $\lambda_1 = 19.03$ cm。

载波 L_2 : $f_{L_2} = f_0 \times 120 = 1\,227.60$ MHz,波长 $\lambda_2 = 24.42$ cm。

GPS 卫星的测距码和数据码采用调相技术调制到载波上。在载波 L_1 上调制有 C/A 码、P 码(或 Y 码)和数据码,而在载波 L_2 上只调制有 P 码(或 Y 码)和数据码。

GPS 卫星采用两种测距码,即 C/A 码、P 码(或 Y 码)。它们都是伪随机噪声码(Pseudo Random Noise,PRN),简称伪随机码或伪码。伪随机码具有类似随机码的良好自相关特性,而且具有某种确定的编码规则,且是周期性的,方便复制。

(1)C/A 码。用于跟踪、锁定和测量,是由伪随机序列优先对组合码形成的 Gold 码(G 码)。C/A 码精度较低,但码结构是公开的,可供具有 GPS 接收设备的广大用户使用。

(2)P 码。由两个伪随机码经相乘构成,精度较高,是结构不公开的保密码,专供美国军方以及得到特许的盟国军事用户使用。不知道 P 码结构,便无法捕获 P 码。

导航电文是由用户来定位和导航的基础数据,包含了卫星的星历、工作状态、时钟改正、电离层时延改正、大气折射改正以及由 C/A 码捕获 P 码等导航信息。导航电文是由卫星信号解调出来的数据码。这些信息以 50b/s 的速率调制在载频上,数据采用不归零制(NRZ)的二进制码。

7.1.3　基本定位原理

绝对定位也叫单点定位，通常指在协议地球坐标系（WGS-84 坐标系）中，直接确定观测站相对于坐标系原点（地球质心）绝对坐标的一种定位方法。利用 GPS 进行绝对定位的原理，是以 GPS 卫星和用户接收机天线之间距离（或距离差）的观测量为基础，并根据已知的卫星瞬时坐标来确定用户接收机天线所对应的点位，即观测站的位置。

GPS 绝对定位方法的实质是空间距离后方交会。为此，在一个观测站上，原则上有 3 个独立的距离观测量便够了，这时观测站应位于以 3 颗卫星为球心、相应距离为半径的球与地面交线的交点。但是，由于 GPS 采用单程测距原理，同时卫星钟与用户接收机钟难以保持严格同步，所以实际观测的观测站至卫星之间的距离均含有卫星钟和接收机钟同步差的影响。对于卫星钟差，可以应用导航电文中所给出的有关钟差参数加以修正，而接收机的钟差一般难以预先准确地确定，所以通常均将它们作为一个未知参数，在数据处理中与观测站的坐标一并求解。因此，在一个观测站上，为了实时求解 4 个未知参数（3 个点位坐标分量和 1 个钟差参数），至少需要 4 个同步伪距观测值，即至少必须同时观测 4 颗卫星，如图 7-4 所示。

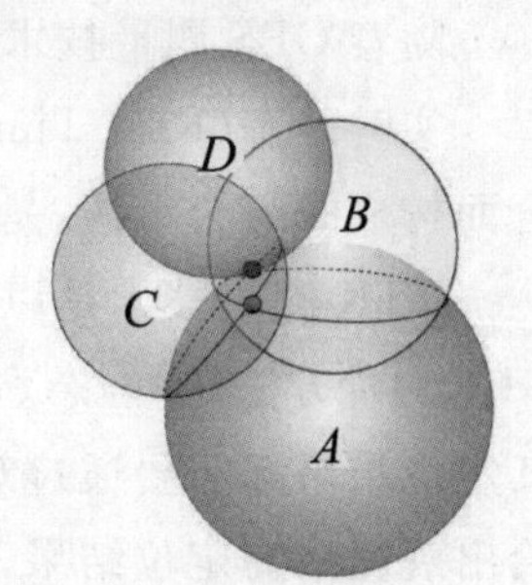

图 7-4　定位原理

当 GPS 接收机锁定卫星载波相位，就可以得到从卫星传到接收机经过延时的载波信号。如果将载波信号与接收机内产生的基准信号比相就可得到载波相位观测值。通过鉴相可知，卫星到接收机间的相位差 $\Delta\phi$ 可分为 N_0 个整周相位和不足一个整周相位 $\Delta\phi(t)$ 之和，即

$$\Delta\phi = N_0 \cdot 2\pi + \Delta\phi(t) \tag{7-1}$$

因此，卫星到接收机的距离为

$$\rho = \lambda \cdot \Delta\phi = \lambda \cdot [N_0 \cdot 2\pi + \Delta\phi(t)] \tag{7-2}$$

式中：λ 为载波波长。

鉴相器只能测量不足一个整周相位值，不能测量整周相位。因此，在载波相位测量中出现一个整周未知数（也称为整周模糊度），需要通过其他途径求定。另外，如果在跟踪卫星过程中，由于某种原因，如卫星信号被障碍物挡住而暂时中断，或受无线电信号干扰造成信号失锁等，计数器无法连续计数。因此，当信号重新被跟踪后，整周计数就不正确，但不到一个整周的相位观测值仍然是正确的，这种现象称为周跳。

由于载波频率高、波长短，因此测量精度高。不过，利用载波相位观测值进行定位，要解决整周模糊度的解算和周跳的探测与修复问题。

7.1.4　GPS 测量误差

GPS 测量中出现的各种误差按来源大致可分为以下 3 种类型：

（1）与卫星有关的误差。主要包括星历误差、卫星钟的误差、地球自转的影响和相对论效应的影响等。

（2）信号传播误差。GPS 卫星是在距地面 20 000km 的高空运行，GPS 信号向地面传播

经过大气层，因此信号传播误差主要是信号通过电离层和对流层的影响。此外，还有信号传播的多路径效应影响。

(3)观测误差和接收设备的误差。接收设备的误差主要是接收机钟差和天线相位中心的位置偏差。

通常可采用适当的方法减弱或消除这些误差的影响，如建立误差改正模型对观测值进行改正，或选择良好的观测条件，采用恰当的观测方法等。

7.2 GPS 实时动态测量及应用

7.2.1 GPS 实时动态定位

随着 GPS 测量技术的广泛应用，工程测量中通常采用 GPS 实时动态测量方法。

实时动态(Real Time Kinematic，RTK)测量系统，是 GPS 测量技术与数据传输技术相结合而构成的组合系统，是 GPS 测量技术发展中的一个新的突破。

RTK 测量技术是以载波相位观测量为基础的实时差分 GPS(RTD)测量技术。常规的 GPS 测量方法，如静态、快速静态、准动态和动态相对定位等，如果不与数据传输系统相结合，其定位结果都需要通过观测数据的测后处理而获得。所以上述各种测量模式，不仅无法实时给出观测站的定位结果，也无法对基准站和流动站观测数据的质量进行实时检核，因而难以避免在数据后处理中发现不合格的测量成果，需要返工重测。

实时动态测量的基本原理就是在基准站上安置一台 GPS 接收机，对所有可见 GPS 卫星进行连续观测，并将其观测数据通过无线电传输设备，实时发送给流动观测站。流动站上的 GPS 接收机在接收卫星信号的同时，通过无线电接收设备接收基准站传输的观测数据，然后根据相对定位原理，实时计算并显示流动站的三维坐标及其精度，如图 7-5 所示。流动站可处于静止状态，也可处于运动状态；可在固定点上先进行初始化，再进入动态作业，也可在动态条件下直接开机完成整周模糊度的搜索求解。在固定整周模糊度后，只要能保持 4 颗以上卫星相位观测值的跟踪和必要的几何图形，流动站就可随时给出厘米级定位结果。

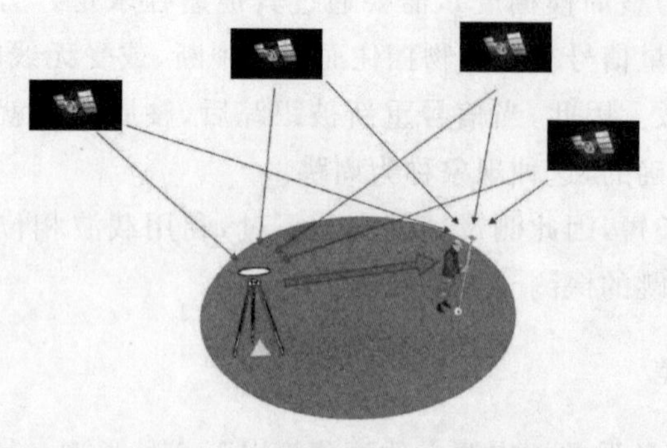

图 7-5　实时动态定位原理示意图

RTK 技术是建立在流动站与基准站误差强相关这一假设的基础上的。当流动站离基准站较近(例如不超过 15km)时，上述假设一般均能较好地成立，此时利用一个或数个历元的观测资料即可获得厘米级精度的定位结果。为消除卫星钟和接收机钟的钟差，削弱卫星星历误差、电离层延迟误差和对流层延误差影响，在RTK中通常都采用双差观测值。然而，随着流动站和基准站间距的增加，误差相关性将变得越来越差。轨道偏差、电离层延迟的残余误差项和对流层延迟的残余误差项都将迅速增加，从而导致难以正确确定整周模糊度，无法获得正确的高精度解。

7.2.2 GPS实时动态测量系统

GPS RTK测量系统主要由GPS接收机、数据传输系统、软件系统三部分组成。

1)GPS接收机

RTK测量系统中至少包含两台GPS接收机，其中一台安置在基准站上，另一台或若干台分别安置在不同的流动站上。基准站应尽可能设在测区内地势较高且观测条件良好的点上。在作业中，基准站的接收机应连续跟踪全部可见GPS卫星，并将观测数据通过数据传输系统实时发送给流动站。

GPS接收机可以是单频或双频的。当系统中包含多个流动接收机时，基准站上的接收机必须采用双频接收机，且其采样率必须与流动接收机采样率最高的相一致。

2)数据传输系统

基准站与流动站之间的联系是依靠数据传输系统(数据链)来实现的。数据传输设备是完成实时动态测量的关键设备之一，由调制解调器和无线电台组成。在基准站上，利用调制解调器将有关数据进行编码和调制，然后由无线电发射台发射出去。在流动站上利用无线电接收台将其接收下来，并由解调器将数据解调还原，送入流动站上的GPS接收机中进行数据处理。数据传输设备要充分保证传输数据的可靠性，其频率和功率的选择主要决定于流动站和基准站间的距离、环境质量、数据的传输速度。

3)软件系统

软件系统的功能和质量对于保障实时动态测量的可行性、测量结果的可靠性及精度具有决定性意义。以载波相位为观测量的实时动态测量，其主要问题仍在于载波相位初始整周模糊度的精密确定、流动观测中对卫星的连续跟踪，以及失锁后的重新初始化。快速解算和动态解算整周模糊度技术的发展，为实时动态测量的实施奠定了基础。通常，实时动态测量软件系统应具备的基本功能如下：

(1)基于差分定位快速解算或动态快速解算整周模糊度。

(2)利用相对定位原理，实时解算流动站在WGS-84坐标系中的三维坐标。

(3)求解WGS-84坐标系与所采用的地方坐标系之间的转换参数。

(4)根据已知转换参数，进行坐标系统的转换。

(5)实时完成解算结果的质量分析与评价。

(6)实现作业模式(静态、准动态、动态等)的选择与转换。

(7)完成测量结果的显示、绘图、施工放样、面积计算等数据处理功能。

7.2.3 RTK在工程测量上的应用

常规的GPS测量方法,如静态、快速静态、动态测量都需要事后进行解算才能得到测量结果和相应的精度,而RTK是能够在野外实时得到厘米级定位精度的测量方法,RTK的出现为各种控制测量、地形测图、工程施工放样带来了新变革,极大地提高了外业作业效率。

1)控制测量

传统的大地测量、工程控制测量采用三角网、导线网方法来施测,均需要测站之间相互通视,这样不但费工费时,而且精度不均匀,在外业测量中不可能实时确定测量成果的精度。采用常规的GPS静态相对定位,虽然无须测站之间通视,但在外业测设过程中同样也不能实时确定定位精度。测设完成后,再进行内业处理,如果此时发现精度不合要求,就必须外业返工测量。

采用GPS RTK进行控制测量能够实时知道定位结果和定位精度,如果定位精度满足要求,用户就可以停止观测,这样可以大大提高作业效率,确定1个控制点在几分钟甚至几秒钟内就可完成。RTK用于地形测绘图根控制测量、公路控制测量、输电线路控制测量、水利工程控制测量,不仅可以大大减小劳动强度、节省费用,而且极大地提高了工作效率。

2)数字地形测绘

数字地形测绘可以为城市、矿区地质填图以及各种工程提供不同比例尺的地形图,以满足城镇规划和各种经济建设的需要。

常规的数字地形测图时,一般首先要在测区建立图根控制点,然后在图根控制点上架设全站仪,利用全站仪和电子手簿配合地物编码进行测图,甚至用外业电子平板测图,这些都要求测站点与被测的周围地物地貌等碎部点之间通视,视距受到约束,最理想的每站测图范围在0.5km^2左右,一般至少要求3～4人同时作业,拼图时一旦精度不合要求还得返工重测。

随着GPS RTK技术的逐渐普及,数字地形测绘的野外数据采集也逐渐采用RTK测量方法。目前RTK基准站的有效控制半径都能达到15km以上,也就是以基准站为中心,以15km为半径的范围内,RTK流动站可以随意采集地形数据,而测量精度可以达到厘米级,这是常规测图方法所无法比拟的。但是,应用RTK采集地形数据也会受到一些限制。如各个GPS生产厂家大都采用自适应技术确定整周模糊度,即根据少量的甚至一个观测历元确定整周模糊度,这样可以加快RTK初始化速度,但需要基准站和流动站同步跟踪5颗以上的GPS卫星。同时,RTK又要求基准站和流动站之间的数据传播路径不受干扰,这两点要求在高楼林立的大城市中心地区是不易实现的。

采用GPS RTK进行测图时,仅需1人在地物地貌等碎部点上观测数秒钟,同时输入特征编码,即可完成1个碎部点的采集,而且实时显示点位精度。在点位精度符合要求的情况下,通过电子手簿或便携微机记录数据,测完一个区域内的地形地物点位后,野外或回到室内由专业测图软件就可以输出所要求的地形图。测量工作每组一般1～2人(编码法1人,测记法2人),1个基准站一般情况下可测图10km^2左右。采用RTK技术测定点位不要求点间通视,便可完成测图工作,大大提高了测图的工作效率。

GPS RTK配合电子手簿可以测设各种地形图,如普通地形图、铁路带状地形图、公路管线地形图等，配合测深仪可用于测设水库地形图、航海专用图等。应用 RTK 技术进行地形数据采集，可以收到快速、高精度、低成本的理想效果，尤其适用于线路工程中的小块面积的地形测图，如管线与铁路、公路工程中的站址、输电线路工程中的塔址等地形测图。也可在地籍和房地产测量中用于精确确定土地权属界址点的位置，为地籍图和房产图采集数据。

实际上，用 RTK 进行野外数据采集，可以不遵循“从整体到局部，先控制后碎部”的原则，图根控制测量和碎部测量可以同步进行，只有在 GPS 卫星受遮挡的地段（如高楼密集区、高森林区等），在适当位置用 RTK 施测成对的图根点，以便使用常规方法采集碎部点。图根控制测量和碎部测量同步进行，不受图幅的限制，作业小组的任务可按河流、道路等自然分界线划分，便于进行碎部测量，也减少了图幅接边的问题。

3）线路工程测量

线路工程是指长宽比很大的工程，包括铁路、公路、供水明渠、输电线路、各种用途的管道工程等。这些工程的主体一般是在地表，但也有在地下的，还有的在空中，如地铁、地下管道、架空索道和架空输电线路等。施工放样要求选用合适的仪器通过一定方法把事先设计好的点位在实地标定出来。常规的放样方法很多，如经纬仪交会放样、全站仪边角放样和极坐标放样等，用这些方法放样一个设计点位时，往往需要来回移动目标，同时在放样过程中还要求点间通视情况良好。

公路、铁路等各种线路工程中的测量工作，包括线路控制测量、线路的定测和施工测量，目前已大量使用 GPS 定位技术来完成。采用 RTK 放样时，只需把设计好的点位坐标输入到电子手簿中，逐点施工放样即可。

应用 GPS RTK 技术进行线路定测的作业，首先在内业根据设计数据计算出各待定点的坐标，包括整桩、曲线主点、桥位等加桩。然后将这些待定点坐标数据，以及沿线路的控制点坐标数据传送到专为 RTK 设备配置的电子手簿中。利用这些坐标数据，就可以按坐标放样的方法在作业现场进行定线测量，通过动态显示寻找放样点，手簿软件中的电子罗盘会引导作业员到达放样点。当屏幕显示流动站杆位和设计点位重合时，检查精度合格，记录放样点位坐标和高程，然后标记地面点位（如打桩等）。内业将测量数据传输至计算机，可利用软件绘制纵断面图。目前各 GPS 生产厂家制造的 RTK 设备除坐标放样功能外，一般都具有直线放样、圆曲线放样等功能，因此只要知道曲线的设计参数，就能在现场进行定线工作。

RTK 技术还可用于线路施工工程测量，例如，道路施工过程中恢复中线、施工控制桩测设、竖曲线测设以及路基边桩、边坡和路面的测设，还有收费站、停车场、停车坪等面状施工区域的测设等。应用 RTK 技术进行线路工程测量具有如下优点：

（1）常规的中线测量总是先确定平面位置，而后再确定高程。即先放线，后做中平测量。RTK 技术可提供三维坐标信息，因此在放样中线的同时也获得了点位的高程信息，无须再进行中平测量，大大提高了工作效率。

（2）RTK 基准站数据链的作用半径可以达到 15km 以上，整个线路上只要布设首级控制网便可完成控制，而不必布设下一级的控制网。只要保存好首级点，即可随时放样中线或恢复整个线路。

（3）RTK 基准站播发的定位信息，可供多个流动站应用，而流动站只需由 1 个人单独操作，这就大大节省了人力，提高了功效。

(4)在RTK定线测量中首级控制网直接与中线桩点联系，不存在中间点的误差积累问题，因此能达到很高的精度，适合高等级线路工程的要求。

思考题

- 目前有哪些主要的全球卫星定位系统？
- 简要叙述GPS定位原理。
- GPS有哪三大基本功能？GPS有哪些应用领域？
- GPS卫星信号由哪几部分组成？
- 用3台GPS接收机进行测量，建立一个大地四边形，至少需要观测几个时段？
- GPS RTK测量系统由哪几部分组成？在工程测量中有哪些应用？

第 8 章　现代测绘新技术

随着测绘技术的不断发展，各种新技术不断出现，彻底改变了传统的测绘方式。以 3S 为代表的测绘技术、计算机技术及其集成为测绘技术的发展提供了一个广阔的发展前景。GNSS 技术在本书中有专门章节介绍，这里不再描述。

8.1　RS

RS 技术即遥感技术(Remote Sensing，简称 RS)，是指从高空或外层空间接收来自地球表层各类地理的电磁波信息，并通过对这些信息进行扫描、摄影、传输和处理，从而对地表各类地物和现象进行远距离控测和识别的现代综合技术。遥感技术包括传感器技术，信息处理、提取和应用技术，目标信息特征的分析与测量技术等。

遥感作为一门对地观测综合性科学，它的出现和发展既是人们认识和探索自然界的客观需要，更有其他技术手段与之无法比拟的特点。

1)大面积同步观测(范围广)

遥感探测能在较短的时间内，从空中乃至宇宙空间对大范围地区进行对地观测，并从中获取有价值的遥感数据。这些数据拓展了人们的视觉空间，例如，一张陆地卫星图像，其覆盖面积可达 3 万多平方千米。这种展示宏观景象的图像对地球资源和环境分析极为重要。

2)时效性、周期性

遥感探测获取信息的速度快、周期短。卫星围绕地球运转，能及时获取所经地区的各种自然现象的最新资料，以便更新原有资料，或根据新旧资料变化进行动态监测，这是人工实地测量和航空摄影测量无法比拟的。例如，陆地卫星 4、5，每 16 天可覆盖地球一遍，NOAA 气象卫星每天能收到两次图像。Meteosat 每 30min 获得一次同一地区的图像。

3)数据综合性和可比性、约束性

(1)遥感探测能动态反映地面事物的变化。遥感探测能周期性、重复地对同一地区进行对地观测，这有助于人们通过所获取的遥感数据，发现并动态地跟踪地球上许多事物的变化，同时研究自然界的变化规律。尤其是在监视天气状况、自然灾害、环境污染甚至军事目标等方面，遥感的运用就显得格外重要。

(2)获取的数据具有综合性。遥感探测所获取的是同一时段、覆盖大范围地区的遥感数据，这些数据综合地展现了地球上许多自然与人文现象，宏观地反映了地球上各种事物的形态与分布，真实地体现了地质、地貌、土壤、植被、水文、人工构筑物等地物的特征，全面地揭示了地理事物之间的关联性，并且这些数据在时间上具有相同的现势性。

(3)获取信息的手段多,信息量大。根据不同的任务,遥感技术可选用不同波段和遥感仪器来获取信息。例如,可采用可见光探测物体,也可采用紫外线、红外线和微波探测物体,还可利用不同波段对物体不同的穿透性,获取地物内部信息。对于地面深层、水的下层、冰层下的水体、沙漠下面的地物特性等,微波波段还可以全天候工作。

4)经济社会效益

遥感探测获取信息受条件限制少。在地球上有很多地方自然条件极为恶劣,人类难以到达,如沙漠、沼泽、高山峻岭等。采用不受地面条件限制的遥感技术,特别是航天遥感可方便及时地获取各种宝贵资料。

5)局限性

遥感技术所利用的电磁波还很有限,仅是其中的几个波段范围。在电磁波谱中,尚有许多谱段的资源有待进一步开发。此外,已经被利用的电磁波谱段对许多地物的某些特征还不能准确反映,还需要发展高光谱分辨率遥感以及遥感以外的其他手段相配合,特别是地面调查和验证不可缺少。

8.2 GIS

GIS即地理信息系统(Geographic Information System),是以地理空间数据库为基础,利用计算机、空间科学信息等来进行科学管理和综合分析具有空间内涵的地理数据,以提供管理、决策等所需信息的技术系统。简单地说,GIS是以测绘测量为基础的综合处理和分析地理空间数据的一种技术系统,目前已成为了获取、存储、分析和管理地理空间数据的重要工具和手段,在测绘领域发挥着越来越重要的作用(图8-1)。

图8-1　三维地理信息

8.3 倾斜摄影测量

摄影测量是利用光学摄影机获取的像片,经过处理以获取被摄物体的形状、大小、位置、特性及其相互关系(图8-2)。

摄影测量的主要任务是用于测制各种比例尺的地形图,建立地形数据库,为各种地理信息系统、土地信息系统以及各种工程应提供空间基础数据,同时服务于非地形领域,如工业、建筑、生物、医学、考古等领域。

图8-2　摄影测量

摄影测量经历了模拟法、解析法和数字化3个发展阶段。数字摄影测量的发展还推动了实时摄影测量的问世。所谓实时摄影测量是用CCD多数字摄影机直接对目标进行数字影像获取，并直接输入计算机系统中。在实时软件作用下，立刻获得和提取需要的信息，并用来控制对目标的操作。这种实时摄影测量系统主要用于医学诊断、工业过程控制和机器人观察方面。在陆地车载或空中机载、星载系统中，利用GPS定位技术和CCD影像技术可以实时地直接为GIS采集所需要的数据和信息，对军用和民用都有极大的意义。

摄影测量的主要特点如下：

(1)无须接触物体本身即可获得被摄物体信息。

(2)由二维影像重建三维目标。

(3)面采集数据方式。

(4)同时提取物体的几何与物理特性。

影像获取的手段有框幅式摄影机、光机扫描仪、全景摄影机、CCD固态扫描仪、合成孔径侧视雷达等。根据距离远近，摄影测量分为航天摄影测量、航空摄影测量、地面摄影测量、近景摄影测量、显微摄影测量。

根据用途，摄影测量分为地形摄影测量和非地形摄影测量，地形摄影测量主要用来测绘国家基本地形工业、建筑、考古、地质工程及生物和医学等各方面的科学技术问题。根据处理手段，摄影测量分为模拟摄影测量、解析摄影测量和数字摄影测量，模拟摄影测量的结果通过机械或齿轮传动方式直接在绘图桌上绘出各种图件来，如地形图或各种专题图，它们必须经过数字化才能进入计算机；解析和数字摄影测量的成果是各种形式的数字产品和目视化产品，数字产品包括数字地图、数字高程模型、数字正射影像图、测量数据库、地理信息系统和土地信息系统等。这里的可视化产品包括地形图、专题图、纵横剖面图、透视图、正射影像图、电子地图、动画地图等。

8.4　三维激光扫描

三维激光扫描技术作为近些年来出现的一种全新测绘技术，能够主动、实时、非接触、快速地采集目标物表面高精度完整的海量点云数据，因此也被称为360°实景复制技术。因为三维激光扫描技术可以快速获取实体表面三维坐标点云数据，它克服了传统单点测绘的局限性，大大提高了数据采集效率，有效解决了海量坐标数据采集的困难，为空间三维点位数据采集提供了一种崭新的技术手段。因此，三维激光扫描技术被认为是测绘学科中继GNSS技术之后的又一个测绘技术亮点。

地面三维激光扫描系统主要由以下几个部分组成：三维激光扫描仪、计算机电脑、外接电源系统、高清数码相机、靶球和专用脚架等一些周边器材。

一台完整的激光扫描仪主要包括激光测距单元、激光扫描单元、集成相机、仪器内自动控制和整平校正系统（图8-3）。不同厂商生产的三维激光扫描设备工作原理也不相同。

图8-3　车载移动扫描

最近几年，三维激光扫描技术不断发展并日渐成熟，目前三维扫描设备也逐渐商业化，三维激光扫描仪的巨大优势就在于可以快速扫描被测物体，不需反射棱镜即可直接获得高精度的扫描点云数据。这样可以高效地对真实世界进行三维建模和虚拟重现。因此，其已经成为当前研究的热点之一，并在文物数字化保护、土木工程、工业测量、自然灾害调查、数字城市地形可视化、城乡规划等领域有广泛的应用。

(1)测绘工程领域：大坝和电站基础地形测量，公路测绘，铁路测绘，河道测绘，桥梁、建筑物地基等测绘，隧道的检测及变形监测，大坝的变形监测（图8-4），隧道地下工程形变监测，矿山测量及体积计算。

图8-4　尾矿坝变形监测

(2)结构测量方面:桥梁改扩建工程、桥梁结构测量,结构检测、监测,几何尺寸测量,空间位置冲突测量,空间面积、体积测量,三维高保真建模,海上平台、造船厂、电厂、化工厂等大型工业企业内部设备的测量;管道、线路测量,各类机械制造安装。

(3)建筑、古迹测量方面(图 8-5):建筑物内部及外观的测量保真,古迹(古建筑、雕像等)的保护测量,文物修复,古建筑测量、资料保存等古迹保护(图 8-6),遗址测绘,赝品成像,现场虚拟模型,现场保护性影像记录。

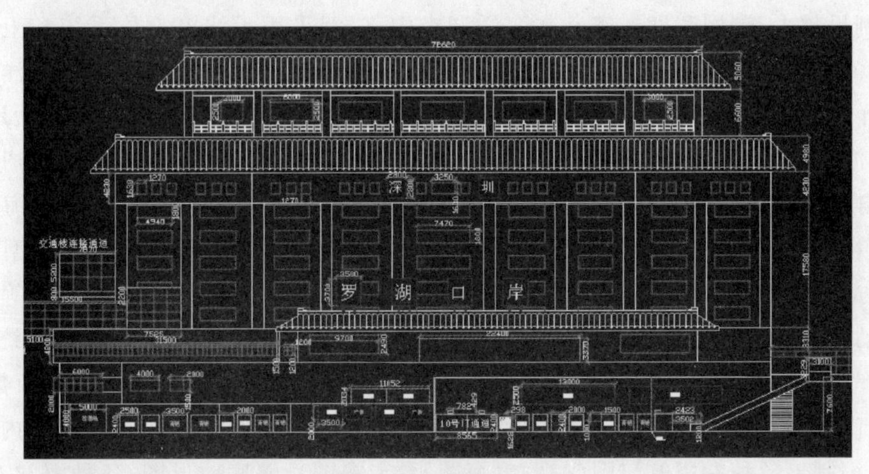

图 8-5　建筑物保护

图 8-6　古树保护

(4)紧急服务业:反恐怖主义,陆地侦察和攻击测绘,监视,移动侦察,灾害估计,交通事故正射图,犯罪现场正射图,森林火灾监控,滑坡泥石流预警,灾害预警和现场监测,核泄漏监测。

(5)娱乐业:用于电影产品的设计,为电影演员和场景进行的设计,3D 游戏的开发,虚拟博物馆,虚拟旅游指导,人工成像,场景虚拟,现场虚拟。

8.5　海洋测绘

以海洋水体和海底为对象所进行的测量和海图编制工作统称为海洋测绘(图 8-7)。它既是测绘科学的一个重要分支，又是一门涉及许多相关科学的综合性学科，是陆地测绘方法在海洋的应用与发展。

测量方法主要包括海洋地震测量、海洋重力测量、海洋磁力测量、海底热流测量、海洋电法测量和海洋放射性测量。因海洋水体存在，须用海洋调查船和专门的测量仪器进行快速的连续观测，一船多用，综合考察。基本测量方式包括：①路线测量。即剖面测量，了解海区的地质构造和地球物理场基本特征。②面积测量。按任务定的成图比例尺，布置一定距离的测线网。比例尺越大，测网密度越密。在海洋调查中，广泛采用无线电定位系统和卫星导航定位系统。20 世纪 70 年代以来，各主要临海国家已有计划地利用空间技术进行海洋大地测量和各种海洋物理场的测量（如海洋磁力测量）。特别是应用卫星测高技术对海洋大地水准面、重力异常、海洋环流、海洋潮汐等问题进行了比较详细的探测和研究。在海图成图过程中已广泛采用自动坐标仪定位、电子分色扫描、静电复印和计算机辅助制图等技术。海洋测量工作已从测量航海要素为主，发展到测量各种专题要素的信息和建立海底地形模型的全部信息，为此建造的大型综合测量船可以同时获得水深、底质、重力、磁力、水文、气象等资料。综合性的自动化测量设备也有所发展。例如，1978 年美国研制的 960 型海底绘图系统就能够搜集高分辨率的测深数据，探明沉船、坠落飞机等水下障碍物，以及底质和浅层剖面数据等，并可同时进行海底绘图和水深测量、海底浅层剖面测量。海图编制除普通航海图的内容更加完善外，还可编制出各种专用航海图（如罗兰海图、台卡海图）、海底地形图、各种海洋专题图（如海底底质图、海洋重力图、海洋磁力图、海洋水文图），以及各种海洋图集。

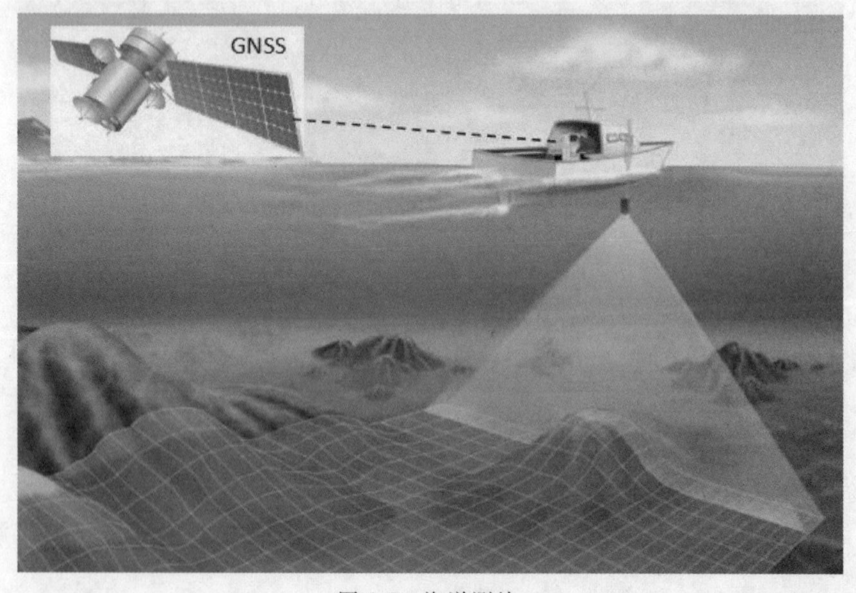

图 8-7　海洋测绘

8.6　无人机测绘

无人机测绘是传统航空摄影测量手段的有力补充，具有机动灵活、高效快速、精细准确、作业成本低、适用范围广、生产周期短等特点，在小区域和飞行困难地区高分辨率影像快速获取方面具有明显优势。随着无人机与数码相机技术的发展,基于无人机平台的数字航摄技术已显示出其独特的优势,无人机与航空摄影测量相结合使得无人机数字低空遥感成为航空遥感领域的一个崭新发展方向。无人机航拍可广泛应用于国家重大工程建设、灾害应急与处理、国土监察、资源开发、新农村和小城镇建设等方面,尤其在基础测绘、土地资源调查监测、土地利用动态监测、数字城市建设和应急救灾测绘数据获取等方面具有广阔前景(图 8-8)。无人机航测的主要特点如下。

图 8-8 无人机测绘

1)快速的航测反应能力

无人机航测通常低空飞行,空域申请便利,受气候条件影响较小。对起降场地的要求限制较小,可通过一段较为平整的路面实现起降,在获取航拍影像时不用考虑飞行员的飞行安全,对获取数据时的地理空域以及气象条件要求较低,能够解决人工探测无法达到的地区监测功能。它的升空准备时间仅需 15min,操作简单、运输便利,车载系统可迅速到达作业区附近设站,根据任务要求每天可获取数十平方千米至两百平方千米的航测结果。

2)突出的时效性和性价比

传统高分辨率卫星遥感数据一般会面临两个问题:一是存档数据时效性差;二是编程拍摄可以得到最新的影像,但所需时间一般较长,同样时效性也相对不高,无人机测绘则可以很好地解决这一难题。无人机测绘工作组可随时出发,随时拍摄,相比卫星和有人机测绘,可做到短时间内快速完成,及时提供用户所需成果,且价格具有相当的优势。相比人工测绘,无人机每天至少几十平方千米的作业效率必将成为今后小范围测绘的发展趋势。

3)监控区域受限制小

我们国家面积辽阔,地形和气候复杂,很多区域常年受积雪、云层等因素影响,导致卫星遥感数据的采集受一定限制。传统的大飞机航飞国家有规定和限制,如航高大于 5000m,这样就不可避免地存在云层的影响,妨碍成图质量,另外还存在一定的危险,在边境地区也存在边防的问题。而无人小飞机能很好地解决这些问题，它不受航高限制，成像质量、精度都远远高于大飞机航拍。

4)地表数据快速获取和建模能力

系统携带的数码相机、数字彩色航摄像机等设备可快速获取地表信息，获取超高分辨率数字影像和高精度定位数据，生成 DEM、三维正射影像图、三维景观模型、三维地表模型等二维、三维可视化数据，便于在各类环境下进行应用系统的开发和应用。

思考题

- 测绘技术发展趋势？
- 测绘技术的快速发展对测绘人才有什么要求？
- 我国为何要发展北斗导航系统？

第 9 章　大比例尺数字地形图测绘

地形图是将测区地表的地形形态按一定的投影方式投影至投影面上(参考椭球面),再投影至成图平面上,经过综合取舍及比例缩小后,用规定的符号和一定的表示方法描述而成的正形投影图。简单地说,地形图就是按一定的比例尺,用规定的符号表示地物、地貌的平面位置和高程的正形投影图。当测区面积较大时,将投影至参考椭球面上的地表形态再投影至成图平面时,必须考虑地球曲率的影响。当测区面积较小时,可不考虑地球曲率的影响,地图投影简化为将地面点直接沿铅垂线投影于水平面上。

通常所指的大比例尺测图系指 1∶500～1∶5000 比例尺地形图,而 1∶1 万～1∶5 万比例尺测图目前多用航测法成图,小于 1∶5 万的小比例尺测图则是根据较大比例尺地图及各种资料编绘而成。为了在统一的坐标系中测定地面点的位置,我国在全国范围内建立了国家平面及高程控制网。目前平面控制采用 CGCS2000 国家大地坐标系,高程控制采用 1985 年国家高程基准。地形图测绘一般依据国家控制网在统一的坐标系中进行,某些工程建设也采用独立的平面及高程系统。

本章主要介绍小区域大比例尺(1∶500、1∶1000、1∶2000)地形图测绘方法。大面积大比例尺地形图测绘目前基本上采用航空摄影测量方法成图。

9.1　地形图的基本知识

9.1.1　地形图比例尺

图上长度与对应的实地水平长度之比,称为地形图的比例尺。例如,实地测出的水平距离为 50m,画到图上的长度为 0.1m,那么这张图的比例尺为 1∶500。图的比例尺大小按比值决定。

人们用肉眼能分辨图上的最小距离,通常为 0.1mm,因此一般在图上度量或者测图描绘时,就只能达到图上 0.1mm 的准确性,所以把相当于图上 0.1mm 的实地水平距离称为比例尺精度。比例尺大小不同,比例尺精度数值也不同。

比例尺精度对测绘和用图有重要意义。首先,比例尺精度决定了与比例尺相应的测图精度。例如,在测 1∶2000 图时,实地只需取到 0.2m,更高的精度是没有意义的。其次,我们也可以根据用户要求的精度确定测图比例尺。例如,在设计用图时,要求在图上能反映地面上 0.05m 的精度,则所选图的比例尺不能小于 1∶500。图的比例尺越大,图上的地物地貌越详细,但测绘工作量也将成倍增加,所以应根据规划、设计、施工的实际需要选择测图的比例尺。

9.1.2 地形图的分幅与编号

为了便于地形图的测绘、管理和使用,各种比例尺地形图通常需要按规定的大小进行统一分幅。地形图的分幅与编号有两大类:一是按经纬度进行分幅,称为梯形分幅法,一般用于国家基本地形图,比例尺为1∶100万～1∶5000;二是按平面直角坐标进行分幅,称为矩形分幅,一般用于大比例尺地形图,比例尺为1∶2000～1∶500。

1)国家基本比例尺地形图的分幅与编号

分幅与编号的基本原则:①由于分带投影后,每带为一个坐标系,因此地形图的分幅必须以投影带为基础,按经纬度划分;②为了便于测图和用图,地形图的幅面大小要适宜,且不同比例尺的地形图幅面大小要基本一致;③为了便于地图编绘,小比例尺的地形图应包含整幅的较大比例尺图幅;④图幅编号要求应能反映不同比例尺之间的联系,以便进行图幅编号与地理坐标之间的换算。

2)分幅与编号的方法

我国基本比例尺地形图包括1∶100万～1∶5000 8种。基本比例尺地形图采用梯形分幅,统一按经纬度划分。但目前我国使用的图幅编号有两种,即20世纪70—80年代我国基本比例尺地形图的分幅与编号和现行的国家基本比例尺地形图分幅与编号。

(1)20世纪70—80年代我国基本比例尺地形图的分幅与编号。

20世纪70年代前,我国基本比例尺地形图分幅与编号以1∶00万地形图为基础,扩展出1∶50万、1∶20万、1∶10万3个系列。70—80年代1∶25万取代了1∶20万,则扩展出1∶50万、1∶25万、1∶10万3个系列。在1∶10万后又分为1∶5万、1∶2.5万、1∶1万以及1∶5000。由于这种分幅与编号不利于计算机管理和检索,因此已经被淘汰。

(2)现行的国家基本比例尺地形图分幅与编号。

为了便于计算机管理和检索,2012年国家技术监督局发布了新的《国家基本比例尺地形图分幅和编号》(GB/T 13989—2012)国家标准,自2012年10月1日起实施。

新标准仍以1∶100万比例尺地形图为基础,1∶100万比例尺地形图的分幅经、纬差不变,它们的编号由其所在的行号(字符码)与列号(数字码)组合而成,如北京所在的1∶100万地形图的图号为J50。

1∶50万～1∶5000地形图的编号均以1∶100万地形图编号为基础,采用行列编号方法。将1∶100万地形图所含各比例尺地形图的经差和纬差划分成若干行和列,横行从上到下、纵列从左到右按顺序分别用3位阿拉伯数字表示,不足3位前面补零,取行号在前、列号在后的排列形式标记,各比例尺地形图分别采用不同的字符作为其比例尺代码(表9-1)。1∶50万～1∶5000地形图的图号由其所在1∶100万地形图图号、比例尺代码和行列号10位码组成(图9-1)。

表9-1 1∶50万～1∶5000比例尺代码表

比例尺	1∶50万	1∶25万	1∶10万	1∶5万	1∶2.5万	1∶1万	1∶5000
代码	B	C	D	E	F	G	H

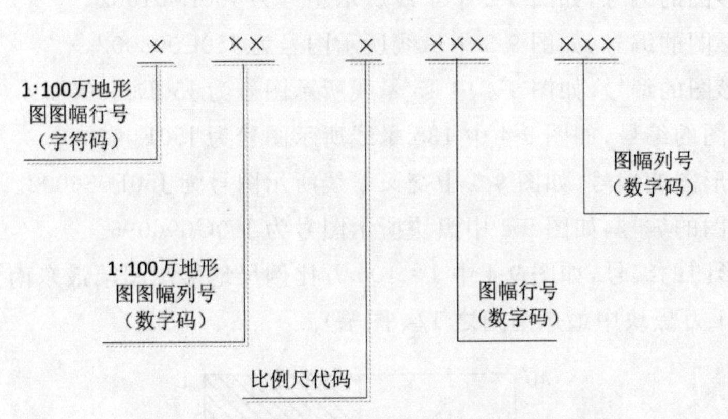

图 9-1　1：50 万～1：5000 地形图图号的构成

若要根据某点的经纬度来求取所在 1：100 万图号后的行号和列号，可根据式(9-1)计算求得。设图幅在 1：100 万图号后的行号和列号分别为 R、V，则计算公式为

$$\begin{cases} R = \dfrac{4°}{\Delta B} - \text{int}\,\dfrac{\text{mod}\,\dfrac{B}{4°}}{\Delta B} \\ V = \left[\text{int}\,\dfrac{\text{mod}\,\dfrac{L}{6°}}{\Delta L}\right] + 1 \end{cases} \tag{9-1}$$

式中：L、B 分别为某点的经纬度；ΔL、ΔB 分别为相应图幅比例尺的经差、纬差；int 为取整运算；mod 为取余数运算。

现行的国家基本比例尺地形图分幅编号关系见表 9-2。

表 9-2　现行的国家基本比例尺地形图分幅编号关系表

比例尺		1：100 万	1：50 万	1：25 万	1：10 万	1：5 万	1：2.5 万	1：1 万	1：5000
图幅范围	经差	6°	3°	1°30′	30′	15′	7′30″	3′45″	1′52.5″
	纬差	4°	2°	1°	20′	10′	5′	2′30″	1′15″
行列数量	行数	1	2	4	12	24	48	96	192
	列数	1	2	4	12	24	48	96	192
图幅数量关系		1	4	16	144	576	2304	9216	36 864
			1	4	36	144	576	2304	9216
				1	9	36	144	576	2304
					1	4	16	64	256
						1	4	16	64
							1	4	16
								1	4

1∶50 万地形图的编号,如图 9-2 中晕线所示图号为 J50B001002。

1∶25 万地形图的编号,如图 9-3 中晕线所示图号为 J50C003002。

1∶10 万地形图的编号,如图 9-4 中 45 晕线所示图号为 J50D009004。

1∶5 万地形图的编号,如图 9-4 中 135 晕线所示图号为 J50E003020。

1∶2.5 万地形图的编号,如图 9-4 中交叉晕线所示图号为 J50F036002。

1∶1 万地形图的编号,如图 9-4 中黑块所示图号为 J50G096096。

1∶5000 地形图的编号,如图 9-4 中 1∶100 万比例尺地形图图幅最东南角的一幅图号为 J50H192192(1∶1 万黑块中最东南角之 1/4 图幅)。

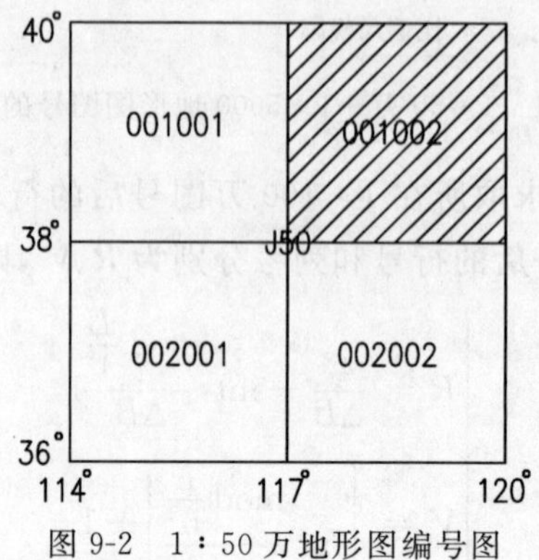

图 9-2　1∶50 万地形图编号图

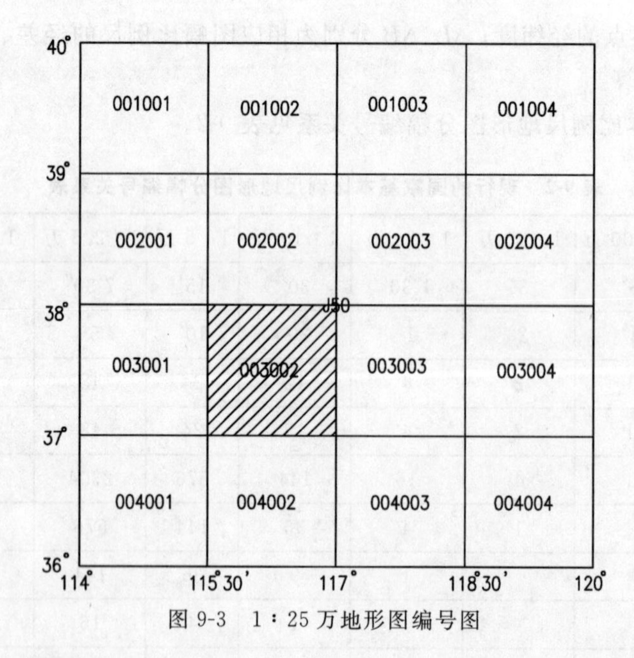

图 9-3　1∶25 万地形图编号图

3)矩形分幅与编号

大比例尺地形图的图幅通常采用矩形分幅,图幅的图廓线为直角坐标格网线。以整千米(或百米)坐标进行分幅。图幅的大小可分成 40cm×40cm、40cm×50cm、50cm×50cm,见表 9-3。

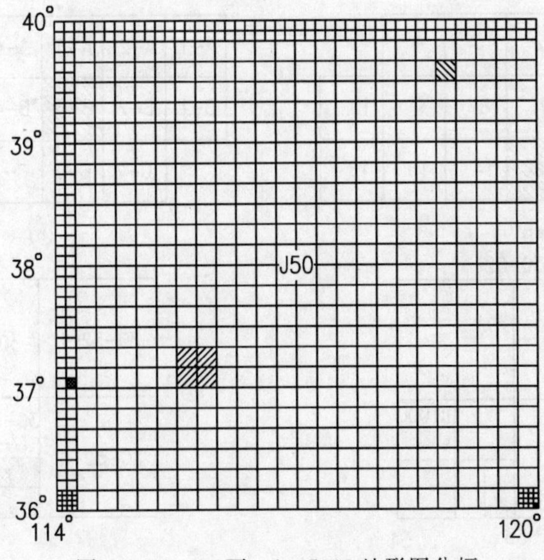

图 9-4　1：10 万～1：5000 地形图分幅

表 9-3　几种大比例尺地形图的图幅大小

比例尺	图幅大小/cm^2	实地面积/km^2	1：5000 图幅内的分幅数
1：5000	40×40	4	1
1：2000	50×50	1	4
1：1000	50×50	0.25	16
1：500	50×50	0.062 5	64

矩形分幅的编号可按以下几种方式编号。

(1)按图廓西南角坐标千米数编号：x 坐标在前，y 坐标在后，中间用短线连接。1：5000 取至千米(km)数；1：2000、1：1000 取至 0.1km；1：500 取至 0.05km。例如，某幅 1：1000 比例尺地形图西南角图廓点的坐标 x=83 000m，y=15 500m，该图幅号为 83.0－15.5。

(2)按流水编号：测区内从左到右、从上到下，用阿拉伯数字编号。图 9-5(a)中晕线所示图号为 13。

(3)按行列编号：测区内按行列排序编号。图 9-5(b)中晕线所示图号为 B-3。

(4)以 1：5000 比例尺地形图为基础编号：图 9-5(c)中 1：5000 比例尺地形图编号为：30-52，各种较大比例尺地形图的分幅及编号见图 9-5(c)及(d)，晕线所示图号为 30-52-Ⅳ-Ⅲ-Ⅱ。

9.1.3　地形的表示方法

地球表面上天然或人工的固定物体称为地物，如江河湖泊、森林草地、城市街区及道路管线等。反映地面地势起伏状态的地形元素称为地貌，如山丘峡谷、陡坎峭壁等。无论地物还是地貌，其形态位置经测量投影至成图平面上后，均需以规定的符号表示。国家有关部门对比形图上表示各种要素的符号、注记等进行了规范化管理，制订并颁布实施了一系列的标

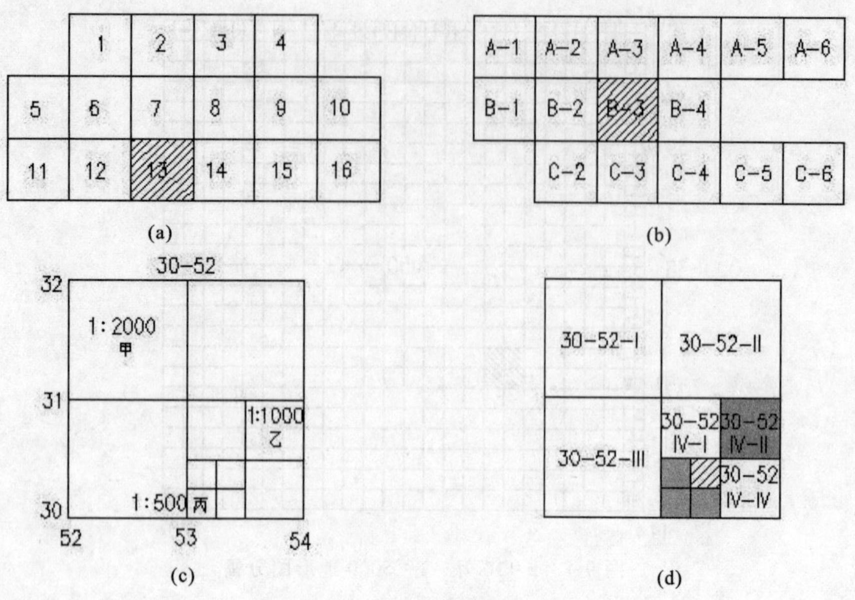

图 9-5　矩形分幅及编号

准——各种比例尺的《地形图图式》。

1)地物的表示方法

地物在图上按特性和大小分别用比例符号、非比例符号、半比例符号及注记符号表示。

(1)比例符号。根据地物实际的大小，按比例尺缩绘于图上，如较大的房屋、地块及水塘等，见图 9-6。

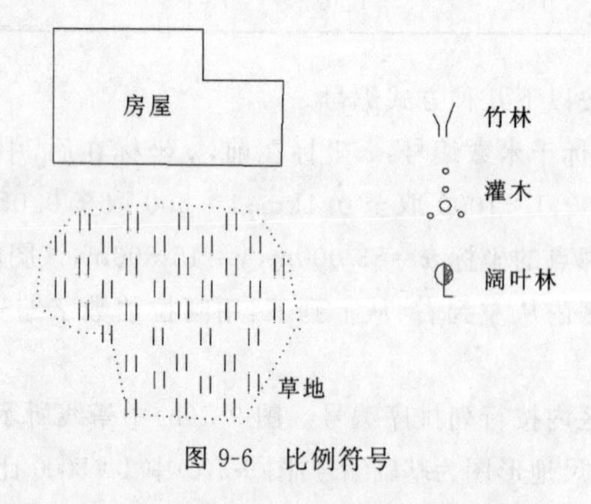

图 9-6　比例符号

(2)非比例符号。尺寸太小的地物不能用比例符号表示，而用规定的形象符号表示，如测量控制点、独立树、里程碑、水井等，见图 9-7。

(3)半比例符号。一些带状延伸的地物，其宽度不能按比例显示，可用一条与实际走向一致的线状符号表示，如围墙、管道、较窄的沟渠、小路等，见图 9-8。

(4)注记符号。有些地物除用一定的符号表示外，还需要说明和注记，如房屋的类别、村镇及工厂等的名称、河流的水位等。

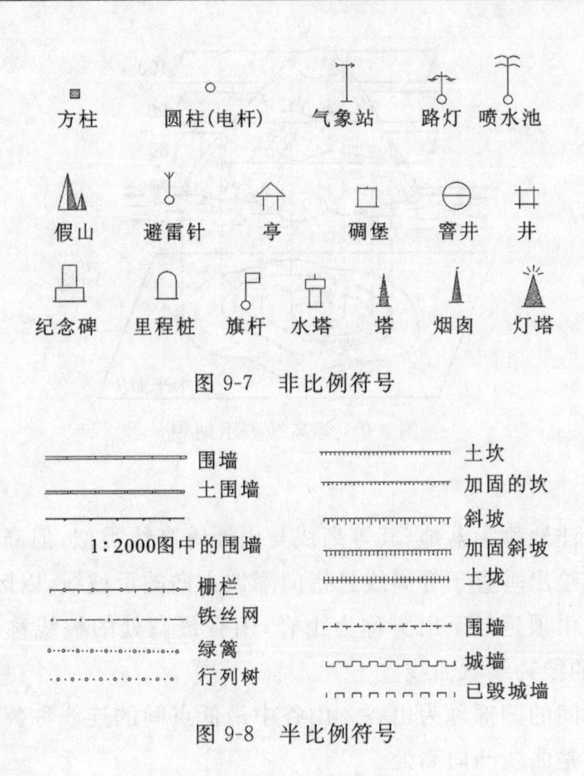

图 9-7　非比例符号

图 9-8　半比例符号

2)地貌的表示方法

在平坦地区,地貌主要用高程注记点表示;在丘陵山区,地貌主要用等高线表示。

(1)等高线。

地面上高程相等的相邻点间的连线称为等高线。如图 9-9 所示,设想当某一水面高程为 70m 时与山头相交得一条水涯线,线上各点高程均为 70m。若水面向上涨 10m,又与山头相交得一条高程为 80m 的水涯线。将这些水涯线垂直投影到水平面 H 上,得一组闭合的曲线,这些曲线即为等高线,按一定的比例缩绘在图纸上并注上高程,就可在图上显示出山头的形状。

两条相邻等高线间的高差称为等高距。常用的等高距有 0.5m、1m、2m、5m、10m 等,等高距的大小根据地形图的比例尺和地面起伏的情况确定。在一张地形图上,一般只用一种等高距,图 9-9 的等高距为 10m。

在图上两相邻等高线之间的水平距离称为等高线平距,简称平距。

地形图上按规定的等高距勾绘的等高线,称为首曲线或基本等高线(线粗 0.1～0.15mm)。为便于看图,每隔 4 条首曲线描绘一条加粗的等高线,称为计曲线(线粗 0.25～0.3mm)。例如,等高距为 1m 的等高线,则高程为 5m、10m、15m、…等 5m 倍数的等高线为计曲线。一般只在计曲线上注记高程。在地势平坦地区,为更清楚地反映地面起伏,可在相邻两首曲线间加绘 1/2 等高距的等高线,称为间曲线(以虚线表示)。

(2)基本地貌形态及其等高线。

地貌可以归纳为山、盆地、山脊、山谷、鞍部 5 种基本地貌形态,如图 9-10 所示。

山:较四周显著凸起的高地称为山,其等高线呈一组套合的闭曲线,高程自外圈向内圈逐

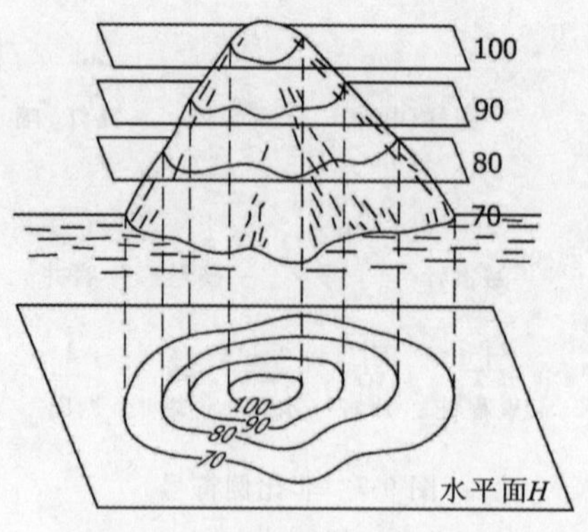

图 9-9　等高线表示地貌

渐升高。

盆地：低于四周的洼地称为盆地，其等高线与山地等高线类似，但高程自外圈向内圈逐渐降低。为便于读图，可绘出垂直于等高线且指向降坡方向的示坡线，以区别山与盆地。

山脊：山的凸棱由山顶延伸至山脚称为山脊，山脊最高处的棱线称为山脊线。山脊等呈一组套合的凸向低处的抛物线状曲线。

山谷：相邻山脊之间的凹部称为山谷。山谷中最低点间的连线称为山谷线。山谷等高线与山脊等高线类似，只是曲线凸向高处。

鞍部：相邻两山顶间呈马鞍形的低地称为鞍部，其等高线类似一组套合的双曲线。

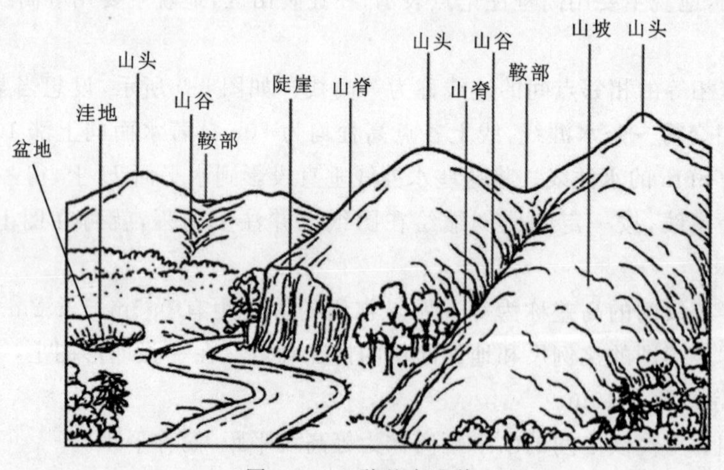

图 9-10　5 种基本地貌

上述每一种典型的地貌形态，都可近似看成由不同方向和不同坡度的斜面构成。相邻斜面相交棱线特别明显者，如山脊线、山谷线、山脚线等，称为地性线，它们构成了地貌的骨骼。地性线的端点或坡度变化处，如山顶点、谷底点、鞍部最低点、坡度变换点等，称为地貌特征地性线和地貌特征点是测绘地貌的重要依据。

(3)等高线的特性。

从上面的叙述中，可概括出等高线具有以下几个基本特性：在同一等高线上，高程相等；等高线应是闭合的连续曲线，不在图内闭合就在图外闭合；除在悬崖处外，等高线不能相交；

地面坡度是等高距 h 及平距 d 之比，用 i 表示，即 $i = h/d$；在等高距 h 不变的情况下，平距 d 越小，即等高线越密，则坡度越陡；反之，如果平距 d 越大，等高线越疏，则坡度越缓；当几条等高线的平距相等时，表示坡度均匀；等高线通过山脊线及山谷线处，必须改变方向，而且与山脊线、山谷线正交。

9.2　数字测图

9.2.1　数字测图概述

传统地形图测绘的作业模式是测量人员用测量仪器测量角度、距离、高差等数据，经计算处理后，由绘图人员利用绘图工具手工模拟测量数据，按规定的图式符号展绘到白纸（聚酯薄膜等）上。这种测图法的实质是图解法测图，测图成果为各种比例尺的纸质地形图，测量数据的精度由于展点、绘图、图纸伸缩变形等因素的影响大大降低。纸质地形图承载信息量小，不便更新、传输，已难以适应当今经济建设的需要。

数字地形图是根据地形图制图标准的要求，将地形图要素经计算机处理后，以矢量和栅格数据方式组织、存储并可以图形方式输出的包括元数据和数据体的数字产品。元数据用于记录数据来源、数据质量、数据结构、定位参考系、产品归属等信息，数据体用于记录地形图诸要素的几何位置、属性、拓扑关系等内容。

随着科学技术的不断发展，电子全站仪、GPS-RTK 技术等测量仪器和技术的广泛应用，计算机软硬件技术的发展，促进了地形测绘的自动化，地形测量由白纸测图变革为数字测图，提供可供传输、处理、共享的数字地形信息，通过绘图仪可打印输出地形图，并且为地理信息系统提供了前端数据，为更广泛地应用测量成果提供了基础保证。

数字测图的实质是一种全解析机助测图方法，野外测量自动记录、自动解算，借助计算机成图，具有效率高、劳动强度小、图形规范等优点。数字测图包括地面数字测图、地形图数字化、数字摄影测量等方法，本节仅介绍地面数字测图。

9.2.2　地面数字测图的作业模式

1)编码法

在测站上将全站仪或者 GNSS RTK 测得碎部点的三维坐标及编码信息记录到仪器的内存或电子手簿中，室内连接装有成图软件的计算机编辑成图。这种方法对硬件要求不高，但要求作业员熟记各种复杂的地物编码（或简码），当地物比较凌乱或地形较复杂时，用这种方法作业速度慢且容易输错编码，因而这种方法只适用于地形较简单、地物较规整的场合。

2)测记法

测记法的作业流程是野外测记、室内成图。用全站仪测定碎部点的三维坐标，并利用全站仪内存记录碎部点观测数据，同时在现场绘制工作草图，内容包括绘制地物的相关位置、地貌地性线，同时标上碎部点点号（需与全站仪记录的点号一一对应），转到内业，下载全站仪内存的外业数据后，通过数字测图软件将碎部点自动展绘，利用软件提供的编辑功能及编码系统，根据现场草图编辑成图。利用这种测图模式测图时，现场人员不需要记忆比较复杂的图形编码，是一种简单实用且方便的测图方法，为当前地面数字测图的主流作业模式。

3)电子平板法

电子平板法是将全站仪与安装有相关测图软件的笔记本电脑或掌上电脑通过通信电缆连接全站仪测定的碎部点实时展绘，作业员利用笔记本电脑或掌上电脑作为电子平板进行连线编辑。在现场即测即绘、所测即所得，其特点是直观性强，可及时发现错误，进行现场修改。这种测图方法也有限制，例如电脑在野外操作不方便，电脑使用寿命短，测绘成稿等问题，目前一般应用于地形图的修测补测工作。

9.2.3 全站仪结合CASS9.1成图系统测记法作业流程

数字测图的实施除了需要有自动化程度较高的电子全站仪进行数据采集外，数字测图软件也是成图的关键。目前比较成熟的数字测图软件主要有广州南方数码公司开发的CASS9.1、北京清华山维公司开发的Sunwey Survey EPSW2008等。不同的软件各有特点，操作方法也有一定的共性，但是各测图软件的图形数据及地形编码一般互不兼容，所以为方便资料管理，同一个地区一般不会选择多种测图软件。本书仅介绍利用全站仪结合CASS9.1数字测图系统测记法成图的主要操作流程。

1)外业作业流程

用全站仪极坐标法野外完成采集碎部点的三维坐标，测量前先建立一个作业名，上传或手工输入测区内已有的控制点坐标数据。具体操作如下：

(1)在控制点上安置全站仪，完成对中、整平后量取仪器高。

(2)打开或新建工作文件；进入“测站设置”菜单，调出或输入测站点坐标并输入仪器高完成测站设置；瞄准定向点，进“坐标定向”菜单，调出或输入定向点坐标，完成仪器定向设置；选择棱镜类型或输入棱镜常数；需要时输入测量时的温度、气压等气象数据。

(3)完成上述工作后，进入坐标测量模式。观测员瞄准立于碎部点上的棱镜，并输入所测碎部点点号、棱镜高，测定碎部点坐标并保存。测量时碎部点点号在上一点数据保存后可自动累加，无需测量员逐次输入。如无特殊需要，可固定棱镜高以避免观测员重复输入而影响测量进度。

(4)测量时应同时完成对应的草图绘制。作业过程中应注意定向检查，搬站后应进行重复点检测，绘制草图者应与全站仪操作员经常对照碎部点点号。

2)内业工作流程

利用CASS绘制地形图操作流程如图9-11所示。

CASS9.1成图软件的主界面如图9-12所示。

(1)数据输入。

展点：先移动鼠标至屏幕的顶部菜单“绘图处理”项按左键，这时系统弹出一个下拉菜单。再移动鼠标选择“绘图处理”下的“展野外测点点号”项，如图9-13所示，按左键后，在命令栏输入绘图比例尺分母，默认比例尺1∶500，便出现如图9-14所示的对话框。输入对应的点号坐标文件名＊＊＊.DAT，便可在屏幕上展出野外测点的点号，如图9-15所示。

仿照上述操作，再次展野外测点点位。

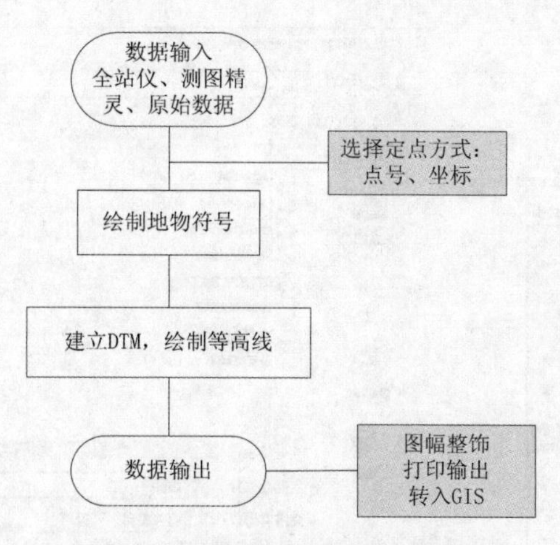

图 9-11　CASS 绘制地形图操作流程

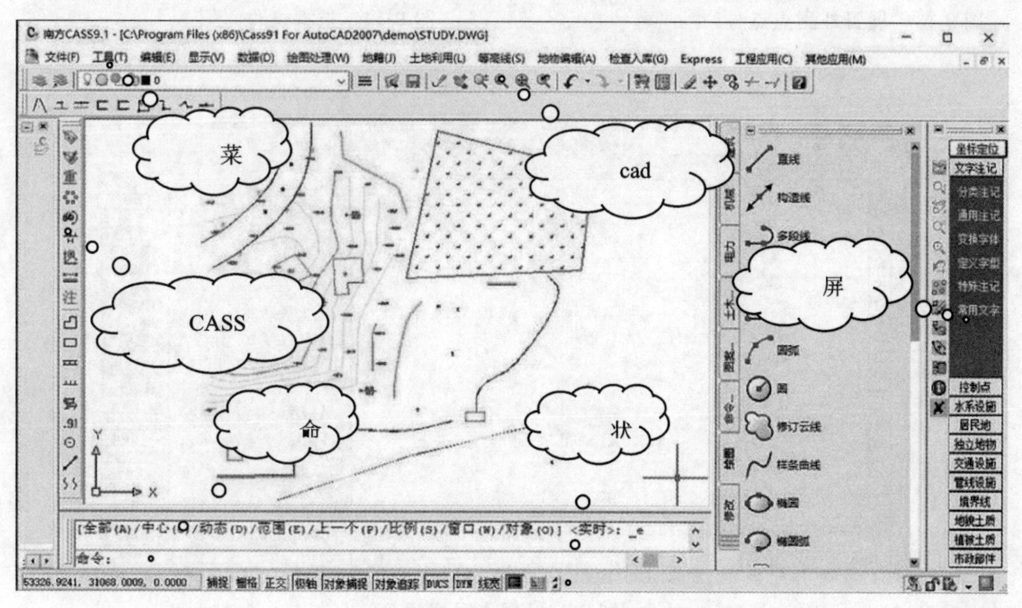

图 9-12　CASS 软件主界面

(2)绘制地物符号。可以灵活使用工具栏中的缩放工具进行局部放大以方便编图。对照野外绘制的草图绘制地物符号。以绘制多点砼房屋为例。选择右侧屏幕菜单的“居民地”选项下的“一般房屋”，弹出如图 9-16 所示界面。

用鼠标左键选择“多点砼房屋”，再点击“确定”按钮。采用“点号定位”模式时命令区提示：①请输入点号：输入 49，回车。②曲线 Q/边长交会 B/跟踪 T/区间跟踪 N/垂直距离 Z/平行线 X/两边距离 L/圆 Y/内部点 O 点 P/<点号>输入 50，回车。③曲线 Q/边长交会 B/跟踪 T/区间跟踪 N/垂直距离 Z/平行线 X/两边距离 L/隔一点 J/隔点延伸 D/微导线 A/延伸 E/插点 I/回退 U/换向 H/反向 F 点 P/<点号>输入 51，回车。④曲线 Q/边长交会 B/跟踪 T/区间跟踪 N/垂直距离 Z/平行线 X/两边距离 L/闭合 C/隔一闭合 G/隔一点 J/隔点延伸 D/微导线 A/延伸 E/插点 I/回退 U/换向 H/反向 F 点 P/<点号>输入 J。⑤指定点：鼠标定

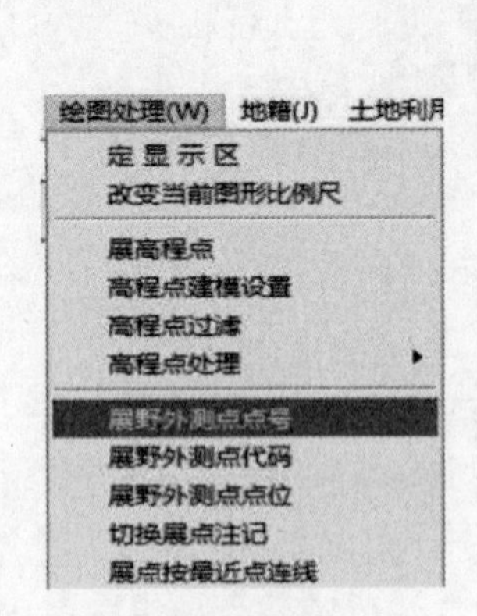

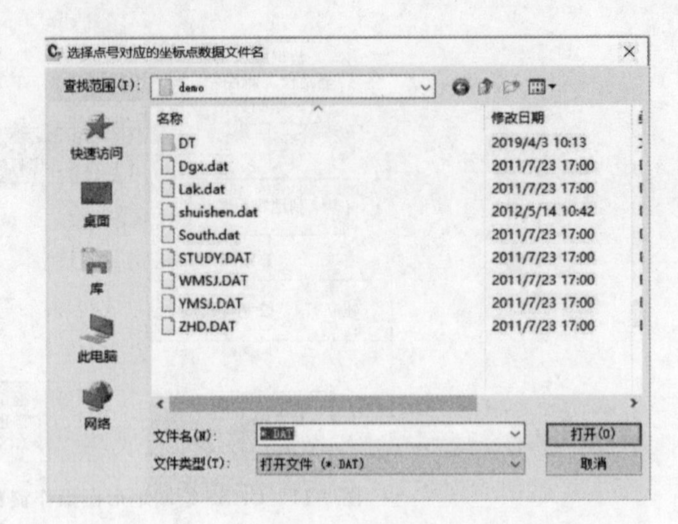

图 9-13　展野外测点点号　　　　图 9-14　选择文件

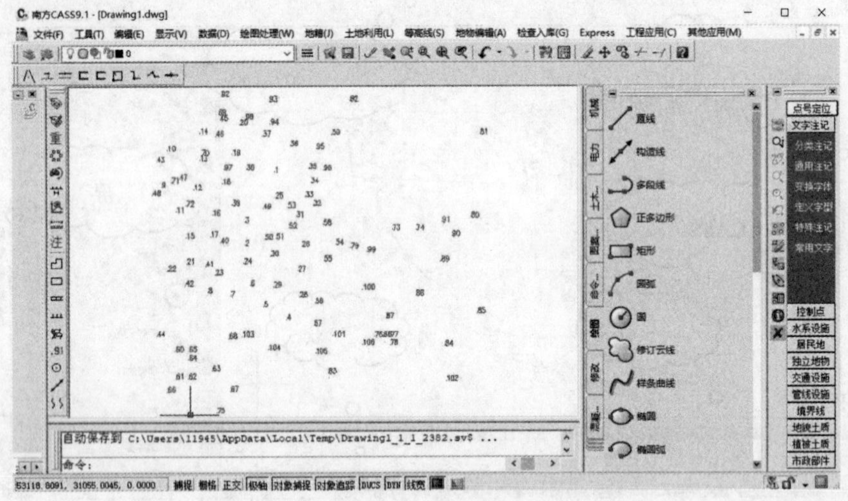

图 9-15　展点号成果

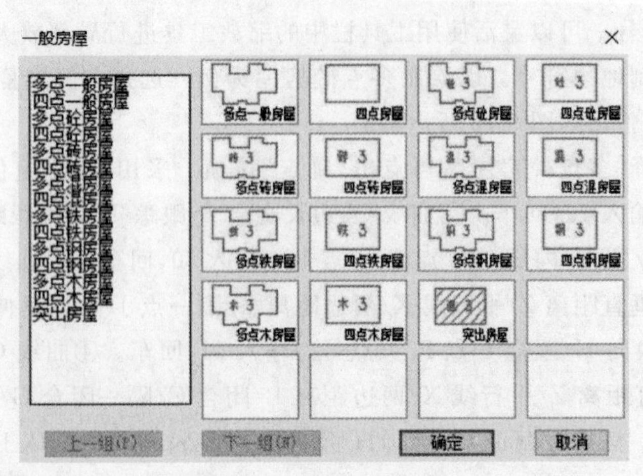

图 9-16　地物符号绘制

点 P/＜点号＞52。⑥曲线 Q/边长交会 B/跟踪 T/区间跟踪 N/垂直距离 Z/平行线 X/两边距离 L/闭合 C/隔一闭合 G/隔一点 J/隔点延伸 D/微导线 A/延伸 E/插点 I/回退 U/换向 H/反向 F 点 P/＜点号＞53。⑦曲线 Q/边长交会 B/跟踪 T/区间跟踪 N/垂直距离 Z/平行线 X/两边距离 L/闭合 C/隔一闭合 G/隔一点 J/隔点延伸 D/微导线 A/延伸 E/插点 I/回退 U/换向 H/反向 F 点 P/＜点号＞输入 C,回车。⑧输入层数(有地下室输入格式:房屋层数-地下层数)＜1＞:输入层数,如 3,回车。

完成上述操作后弹出如图 9-17 所示界面。

说明:选择多点砼房屋后自动读取地物编码,用户无须逐个记忆。从第三点起弹出许多选项,这里以"隔一点"功能为例,输入 J,输入一点后系统自动算出一点,使该点与前一点及输入点的连线构成直角。输入 C 时,表示闭合。

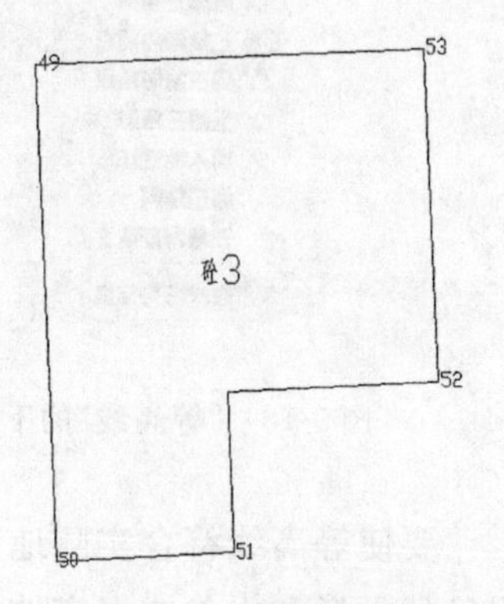

图 9-17　地物绘制成果

若采用坐标定位模式,则点位用鼠标在图上通过捕捉方式拾取,步骤与点号定位方式类似,不再赘述。

3)建立 DTM,绘制等高线

在绘制等高线之前,必须先将野外测的高程点建立数字地面模型(DTM),然后在数字地面模型上生成等高线。

建立 DTM 之前,首先要展绘出图面的高程点。图面只有展点号和点位是不能用来建立 DTM 的,也绘不出等高线。

绘制等高线的操作过程如下:

建立数字地面模型(构建三角网)。

建立数字地面模型之前,可以先"定显示区"及"展点",展点时应该选择"展高程点"选项。在弹出的文件打开对话框中选择测量坐标文件名并确认后,系统提示:

注记高程点的距离(米):要求输入高程点注记距离(即注记高程点的密度),默认值为展全部高程点。对于输出最后的成果图,高程注记的密度根据不同比例尺,有不同的规定,而对于等高线绘制,这时应选择默认值。①点击下拉菜单"等高线",出现如图 9-18 所示的菜单。②移动鼠标至"建立 DTM"项,该处以高亮度(深蓝)显示,按左键,出现如图 9-19 所示的对话窗。

首先,选择建立 DTM 的方式,分为两种方式:由数据文件生成和由图面高程点生成。如果选择由数据文件生成,则在坐标数据文件名选项中选中坐标数据文件;如果选择由图面高程点生成,则在绘图区选择参加建立 DTM 的高程点。一般情况下,可以用闭合的复合线来确定建立数字高程模型(DTM)的范围。如果选用根据图面高程点来生成 DTM,就需要在之前先用闭合的复合线确定建模范围。

其次,选择结果显示,分为 3 种:显示建三角网结果、显示建三角网过程和不显示三角网。最后选择在建立 DTM 的过程中是否考虑陡坎和地性线。如果选择建模过程中考虑陡坎,则在建立 DTM 前系统自动沿着陡坎的方向插入坎底的点(坎底的点的高程等于坎顶线上的已知点的高程减去坎高),这样新建的坎底点便参与三角网组网的计算,因此在建立 DTM 前应将陡坎绘出。

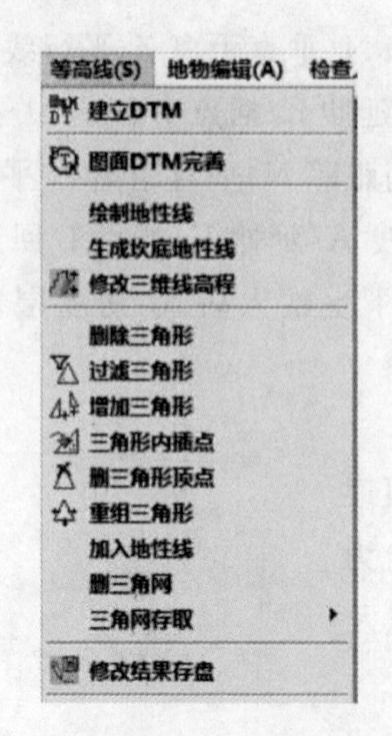

图 9-18 “等高线”的下拉菜单

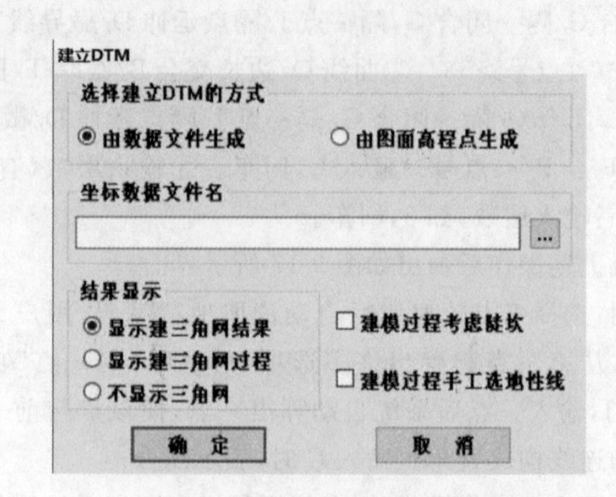

图 9-19 选择建模高程数据文件

要使等高线符合实际地形,必须使每一个三角形构成的面与地表面“贴近”。如果地貌有明显的山脊和山谷或者变坡线,则应选中“建模过程中考虑地性线”选项,以避免所建立的三角网在山谷处出现“悬空”和在山脊处出现“切割”的现象。地性线要在建立 DTM 前根据所展绘的高程点用复合线绘出,这样构成三角网时三角形边不能穿过地性线。绘制地性线时,注意必须打开圆心捕捉方式,使地性线准确通过高程点。

点击“确定”后生成如图 9-20 所示的三角网。

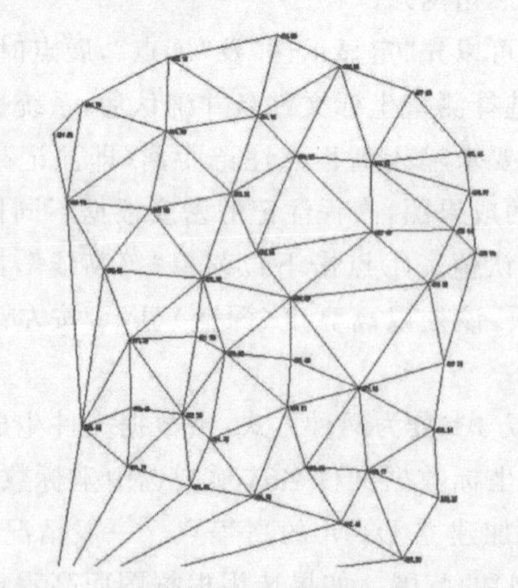

图 9-20 用 STUDY. DAT 数据建立的三角网

4)修改数字地面模型

一般情况下,因现实地貌的多样性和复杂性,外业采集的碎部点很难一次性生成理想的等高线,自动构成的数字地面模型与实际地貌不太一致,这时可以通过修改三角网来修改这些局部不合理的地方。

(1)删除三角形。如果在某局部内没有等高线通过,则可将局部内相关的三角形删除。

删除三角形的操作方法如下：先将要删除三角形的地方局部放大，再选择“等高线”下拉菜单的“删除三角形”项，命令区提示选择对象：这时便可选择要删除的三角形，如果误删，可用“U”命令将误删的三角形恢复。删除左下角三角形后如图 9-21 所示。

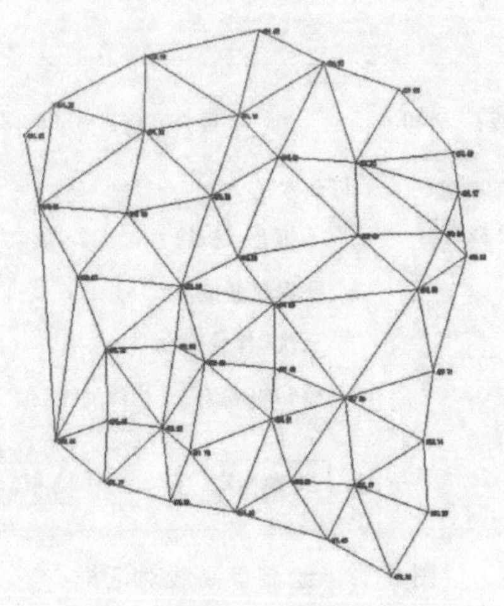

图 9-21　删除左下角的三角形

(2)过滤三角形。可根据用户需要输入三角形中最小角度，或三角形中最大边长与最小边长的比值等限制条件。如果出现 CASS9.1 在建立三角网后无法绘制等高线，可过滤掉部分形状特殊的三角形。另外，如果生成的等高线不光滑，也可以用此功能将不符合要求的三角形过滤掉再生成等高线。

(3)增加三角形。如果要增加三角形时，可选择“等高线”菜单中的“增加三角形”项，依据屏幕的提示，在要增加的三角形的地方用鼠标点取新三角形顶点，如果点取的地方没有高程点，系统会提示输入高程。此时，如果要点取高程点参加建模，必须选用圆心点捕捉模式，否则捕捉不到高程点的高程属性。

(4)三角形内插点。选择此命令后，先在三角形中指定插入点位置，在三角形中指定点(可输入坐标或用鼠标直接点取)，提示高程(米)＝时，输入此点高程。通过此功能可将此点与相邻的三角形顶点相连构成三角形，同时原三角形会自动被删除。

(5)删三角形顶点。用此功能可将所有由该点生成的三角形删除。因为一个点会与周围很多点构成三角形，如果手工删除三角形，不仅工作量较大而且容易出错。这个功能常用在发现某一点高程错误时，要将它从三角网中剔除的情况下。

(6)重组三角形。指定两相邻三角形的公共边，系统自动将两三角形删除，并将两三角形的另两点连接起来构成两个新的三角形，这样做可以改变不合理的三角形连接。如果因两三角形的形状特殊无法重组时，会有出错提示。

(7)删三角网。生成等高线后就不再需要三角网了，要用此功能将整个三角网删除。

(8)修改结果存盘。三角网修改处理后，必须选择“等高线”菜单中的“修改结果存盘”项，把修改后的数字地面模型存盘。当命令区显示“存盘结束!”时，表明操作成功。(注意：修改了三角网后一定要进行此步操作，否则修改无效。)

5)绘制等高线

完成以上的准备操作后,便可点击“等高线”菜单的“绘制等高线”项,弹出如图 9-22 所示的对话框。在对话框中输入设置值后确认,系统即可自动进行等高线绘制。

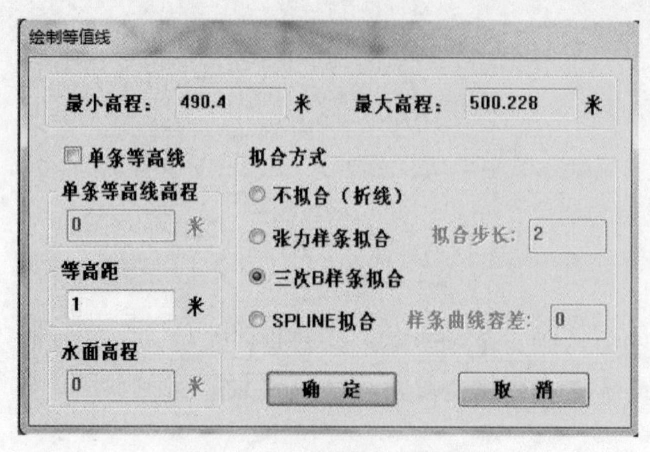

图 9-22　绘制等高线对话框

对话框中会显示参加生成 DTM 的高程点的最小高程和最大高程。如果只生成单条等高线,那么就在单条等高线高程中输入此条等高线的高程;如果生成多条等高线,则在等高距框中输入相邻两条等高线之间的等高距。最后选择等高线的拟合方式。

总共有 4 种拟合方式:①不拟合(折线);②张力样条拟合;③3 次 B 样条拟合;④SPLINE 拟合。初次绘制高线,检查阶段时可输入较大等高距并选择不拟合,以加快速度。其余选项注意事项为:选项②拟合步长以 2m 为宜,生成的等高线数据量比较大,速度会稍慢。选项③适合测点较密或等高线较密的情况。选项④的优点在于即使其被断开后仍然是样条曲线,方便进行后续编辑修改,缺点是较选项③容易发生线条交叉现象。该选项会提示请输入样条曲线容差:＜0.0＞,容差是曲线偏离理论点的允许差值,可直接回车。

当命令区显示“绘制完成!”便完成绘制等高线的工作,如图 9-23 所示。

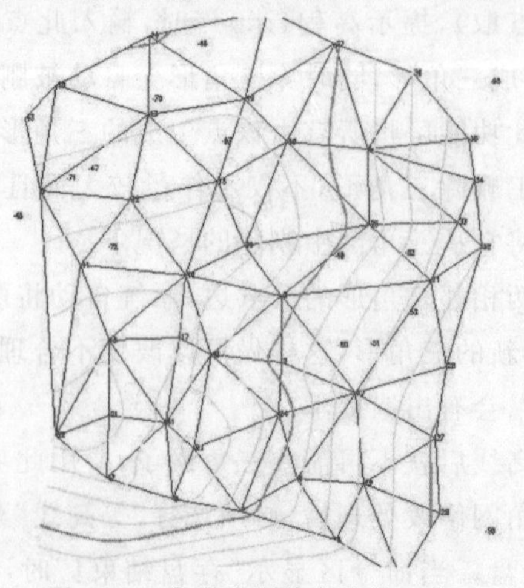

图 9-23　完成绘制等高线的工作

6)等高线的修饰

(1)注记等高线。用“窗口缩放”项得到局部放大图,再选择“等高线”菜单“等高线注记”的“单个高程注记”项。命令区提示:

选择需注记的等高(深)线时,移动鼠标至要注记高程的等高线位置,按左键;

提示依法线方向指定相邻一条等高(深)线时,垂直移动鼠标至相邻等高线位置,按左键。等高线的高程值即自动注记选择处,且字头朝向高处。

(2)等高线修剪。左键点击“等高线/等高线修剪/批量修剪等高线”,弹出如图 9-24 所示对话框。

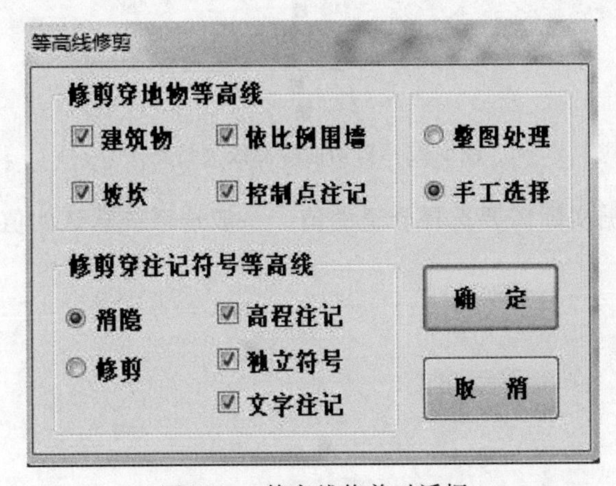

图 9-24　等高线修剪对话框

首先选择消隐或修剪等高线,然后选择整图处理或手工选择需要修剪的等高线,最后选择地物和注记符号,单击“确定”后会根据输入的条件修剪等高线。

(3)切除指定二线间等高线。命令区提示:

选择第一条线时,用鼠标指定一条线,例如选择公路的一边;提示选择第二条线时,用鼠标指定第二条线,例如选择公路的另一边。程序将自动切除等高线穿过此二线间的部分。

(4)切除指定区域内等高线。选择一封闭复合线,系统将该复合线内所有等高线切除。注意,封闭区域的边界一定要是复合线,如果不是,系统将无法处理。

(5)等值线滤波。此功能可在很大程度上给绘制好等高线的图形文件“减肥”。一般的等高线都是用样条拟合的,这时虽然从图上看节点数很少,但事实却并非如此。以高程为 496.0 的等高线为例说明,如图 9-25 所示。

选中等高线,会发现图上出现了一些夹持点,千万不要认为这些点就是这条等高线上实际的点。这些只是样条的锚点。要还原它的真面目,请做下面的操作:

用“等高线”菜单下的“切除穿高程注记等高线”。这时,等高线上出现了密布的夹持点,这些点才是这条等高线真正的特征点。所以,如果看到一个很简单的图在生成了等高线后变得非常大,原因就在这里。如果想将这幅图的尺寸变小,用“等值线滤波”功能就可以了。执行此功能后,系统提示如下:

请输入滤波阈值:＜0.5 米＞这个值越大,精减的程度就越大,但是会导致等高线失真(即

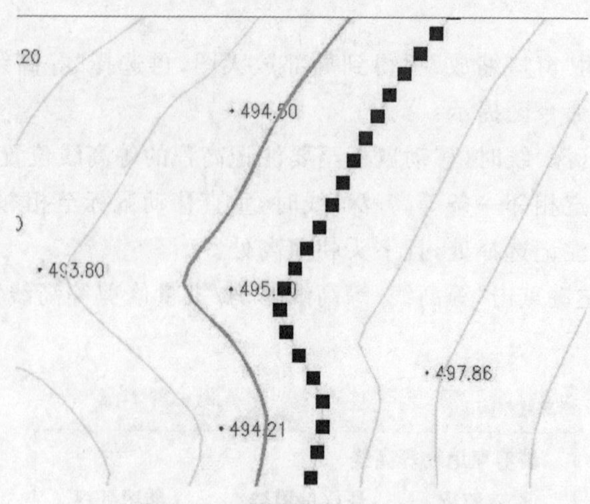

图 9-25　剪切前等高线夹持点

变形)，因此，用户可根据实际需要选择合适的值。一般选系统默认的值就可以了(图 9-26)。

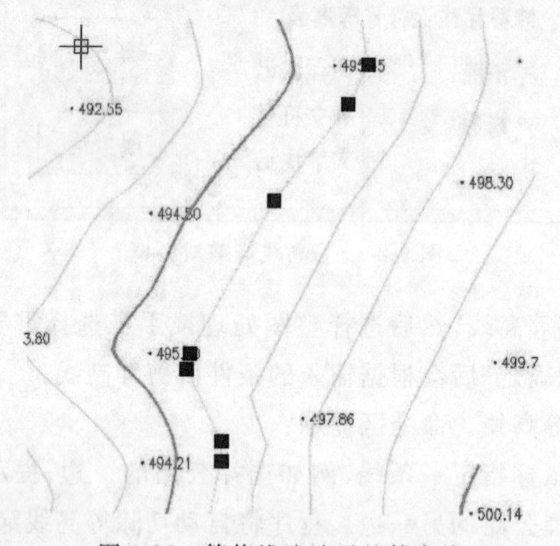

图 9-26　等值线滤波后的等高线

7)绘制三维模型

建立了 DTM 之后，就可以生成三维模型，观察一下立体效果。

移动鼠标至“等高线”项，按左键，出现下拉菜单。然后移动鼠标至“绘制三维模型”项，按左键，命令区提示：

输入高程乘系数<1.0>：输入 5。如果用默认值，建成的三维模型与实际情况一致。如果测区内的地势较为平坦，可以输入较大的值，将地形的起伏状态放大。因本图坡度变化不大，输入高程乘系数将其夸张显示。

是否拟合？(1)是(2)否<1>回车，默认选(1)，拟合。

这时将显示此数据文件的三维模型，如图 9-27 所示。

另外，利用“低级着色方式”“高级着色”功能还可对三维模型进行渲染等操作；利用“显示”菜单下的“三维静态显示”功能可以转换角度、视点、坐标轴，利用“显示”菜单下的“三维动态显示"功能可以绘出更高级的三维动态效果。

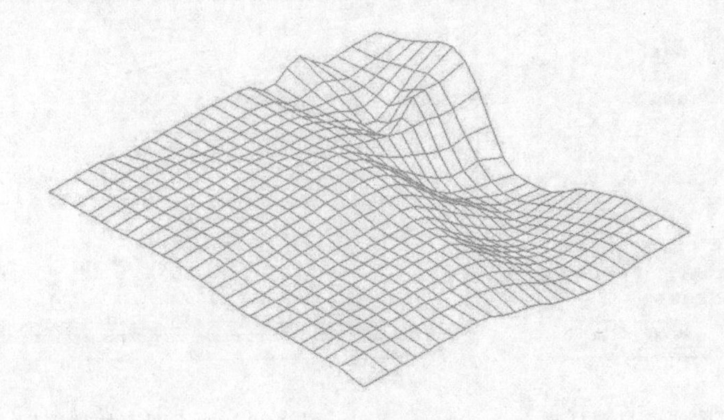

图 9-27　三维效果

(1)数字地形图的图形分幅。

在图形分幅前，应做好分幅的准备工作，了解图形数据文件中的最小坐标和最大坐标。要特别注意：在 CASS 下侧信息栏显示的数学坐标和测量坐标是相反的，即 CASS 系统中前面的数为 Y 坐标(东方向)，后面的数为 X 坐标(北方向)。

将鼠标移至"绘图处理"菜单项，点击左键，弹出下拉菜单，选择"批量分幅/建方格网"，命令区提示：

请选择图幅尺寸：(1)50×50；(2)50×40；(3)自定义尺寸<1>按要求选择。此处直接回车默认选(1)。

输入测区一角：在图形左下角点击左键。

输入测区另一角：在图形右上角点击左键。

这样在图上按所选图幅建立了方格网，自动以各个分幅图的左下角的东坐标和北坐标结合起来命名，如："31.00－53.00""31.00－53.25"等。

选择"绘图处理/批量分幅/批量输出到文件"，在弹出的对话框中确定输出图幅的存储目录名，然后点击"确定"即可批量输出图形到指定的目录。选择非标准分幅时，确定前可以移动系统生成的方格网及修改以图幅左下角坐标命名的图名，系统就会按移动后的方格网裁剪分割图形，并以修改后的图幅名生成图名并填入左上角图表。

(2)图幅整饰。

选择"绘图处理"中"标准图幅(50cm×50cm)项，显示如图 9-28 所示的对话框。输入图幅的名字、邻近图名、测量员、制图员、审核员，在左下角坐标的"东""北"栏内输入相应坐标，或点击图标进行坐标拾取。在"删除图框外实体"前打钩则可删除图框外实体，按实际要求选择，例如此处选择打钩。最后用鼠标单击"确定"即可。

因为 CASS 系统所采用的坐标系统是测量坐标系，即 1∶1 的真坐标，加入 50cm×50cm 图廓后如图 9-29 所示。

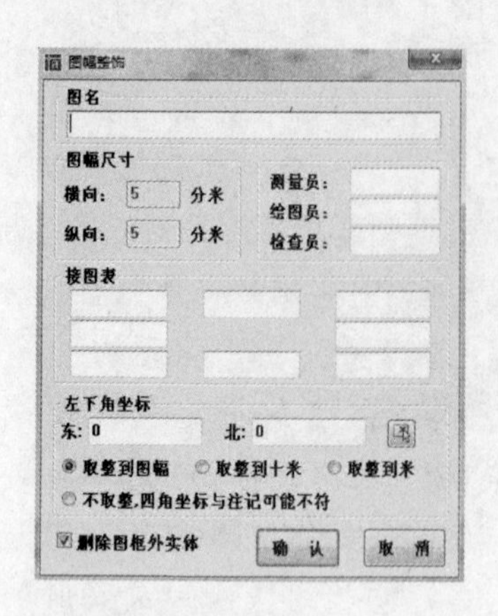

图 9-28　输入图幅信息对话框

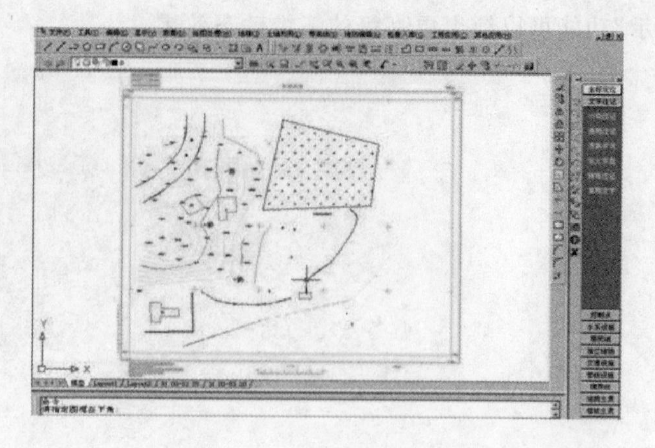

图 9-29　加入图廓的地形图

思考题

➢ 经纬仪测图工作中，跑尺员、仪器观测员、记录员、绘图员分别完成哪些工作？

➢ 结合全站仪＋CASS9.1 测记法测图，说明数字测图的工作流程。

➢ 数字地形图较纸质地形图有哪些优点？

第 10 章　地形图应用

地形图是地形信息按一定数学规则在平面上的表达。地形图具有可量测性,它反映了地形要素在实地的位置、形态、分布、性质及相互关系。各种形式的地形图及专题图不仅是地理信息的重要载体,而且是工程建设必需的基本资料和工具,它们在社会和经济发展中具有广泛的应用和不可替代的作用。

10.1　地形图的基本信息

10.1.1　制图基本信息

1)图名、图号、接图表

图名以图内最主要的乡镇、工矿、居民地或地貌等的名称来命名。

图号则是按国际分幅或正方形分幅的编号。

接图表以相邻的 9 个小方格表示,中间方格代表本幅图,其余代表与之相邻的 8 幅,均注以图名。接图表方便对邻近图幅的查找。以上 3 项信息均注记在北图廓线外(图 10-1)。

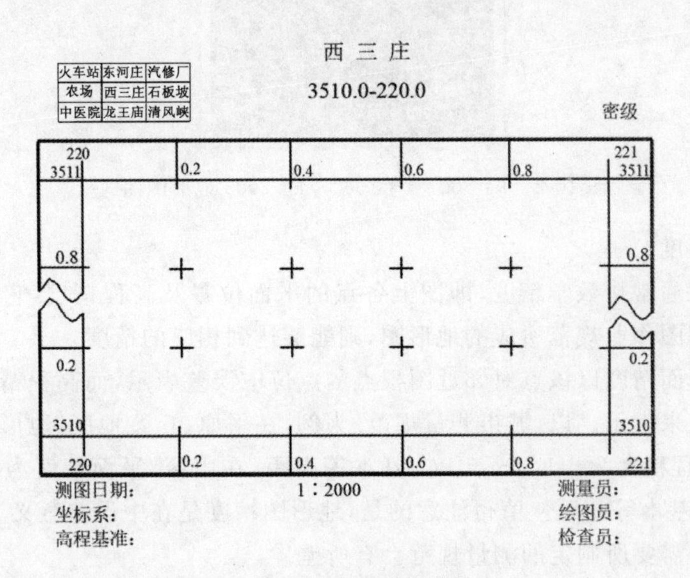

图 10-1　图幅基本信息

2)坐标和高程系统

地形测量在 1980 年国家大地坐标系或 2000 年国家大地坐标系和 1985 年国家高程基准的系统内开展。在此基础上,测量成果投影至地区的高斯平面直角坐标系中表示成图。

地形图高斯平面直角坐标系由内图廓线及坐标格网线表示,线的 X 或 Y 坐标值以千米为单位标注。据此,可方便地读出地形点的平面坐标。坐标系统、高程系统及等高距的说明,均注记在图廓外左下角。

20 世纪 80 年代前旧图的测量,大多采用 1954 年北京坐标系和 1956 年黄海高程基准。不同时期新旧地形图联合应用时,应注意坐标和高程系统的差别,并做必要的转换。

3)地形图比例尺

地形图比例尺一般用数字比例尺注记在南图廓线外的中部。

4)地形图图式

地形信息在图上主要是用符号语言表示。图式符号由主管部门统一制定并作为国家技术标准颁布(图 10-2)。用图必须首先熟识图式符号及其在图上的表示方法。地形图图廓外左下角注记有相应的《地形图图式》版本及成图方法,并说明成图年月。

图 10-2　1∶500　1∶1000　1∶2000 地形图图式

5)地形图的精度

地形图的精度通常指数学精度,即图上各点的平面位置及高程精度,它代表了图的内在质量。严格按照测图作业规范所成的地形图,则能够达到相应的精度。

图上各点的平面精度以该点对邻近图根点的点位中误差表示,而高程精度则以等高线所能表达的高程精度来表示。以《城市测量规范》为例,在平原、丘陵地区,地形图的平面精度为图上±0.5mm,高程精度为±1/3～±1/2 基本等高距;在山区,平面精度为图上±0.75mm,高程精度为±2/3 基本等高距。值得注意的是,地形图精度是在中误差意义下的统计精度,不同行业或部门根据需要所制定的测量规范会有所差异。

10.1.2　地形基本信息

地形信息是空间分布信息,地形图对地形的几何形态及其空间分布、相互关系作了定量表达。依据地形图，可以方便地获得地形点的平面位置、高程及两点间的距离、方位、坡度等地形基本空间信息。

1)点的平面位置

图上某点的平面坐标，直接参照坐标格网及图比例尺量取。

如图 10-3 所示，要获取 A 点位置，首先过 A 作格网平行线，量取 ΔX、ΔY，若比例尺分母为 M，A 点所在方格西南角坐标 (X_0, Y_0)。

则 A 点的坐标为

$$X_A = X_0 + \Delta X \times M \tag{10-1}$$

$$Y_A = Y_0 + \Delta Y \times M \tag{10-2}$$

设量得

$$\Delta X = 3.21\text{cm}, \Delta Y = 2.98\text{cm} \tag{10-3}$$

则

$$X_A = 700 + 3.21 \times 1000 = 732.1\text{m} \tag{10-4}$$

$$Y_A = 1100 + 2.98 \times 1000 = 1129.8\text{m} \tag{10-5}$$

考虑图纸伸缩时，应该求出伸缩系数 V 予以改正。

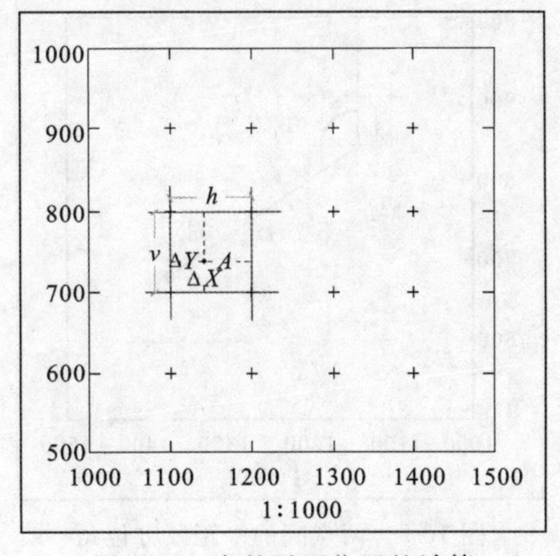

图 10-3　点的平面位置的计算

2)点的高程

地貌在图上主要是用等高线表示的，图上某点的高程可依据与之相邻的两条等高线内插估计得到。即把相邻两等高线间的地面视作均匀坡，某点的高程按平距内插获得。

没有等高线的平坦地区，某点的高程则由其邻近的高程注记点内插计算。

如图 10-4 所示，要获取 K 点高程 H，首先过 K 点作近似垂直于相邻等高线的直线，分别量取 MK 和 NK 的长度，则可通过比例内插法算得

$$H_K = H_M + MK/MN \times h \tag{10-6}$$

式中：h 为等高距。

3)两点间平距和方位角

先分别确定两点的平面坐标为 $A(X_A, Y_A)$ 和 $B(X_B, Y_B)$，则两点间平距（图 10-5）为

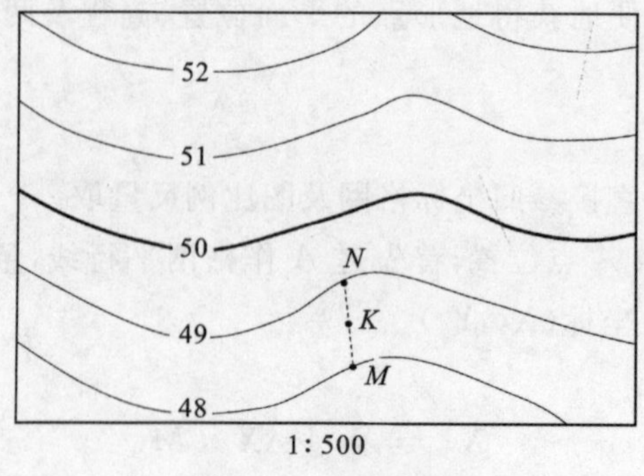

图 10-4　点的高程

$$D_{AB} = \sqrt{(X_B - X_A)^2 + (Y_B - Y_A)^2} \tag{10-7}$$

两点间的方位角指过两点直线的方位角，可通过下式求得

$$\alpha_{AB} = \tan^{-1}[(Y_B - Y_A)/(X_B - X_A)] \tag{10-8}$$

当然，上式算得的角度须经过转换才能成为大地方位角值。当两点位于同一图幅内，平距和方位角也可用尺子和量角器直接量出。

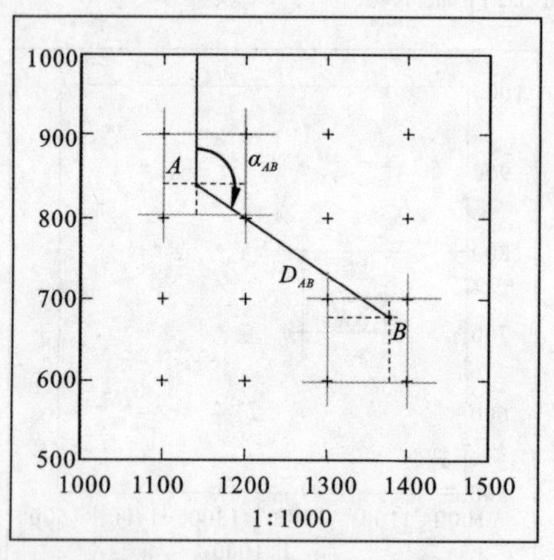

图 10-5　两点间的平距及方位角

4）两点间坡度

已确定两点间的平距 D 和高差 h，则两点间坡度角（图 10-6）为

$$\alpha = \tan^{-1}(h/D) \tag{10-9}$$

坡度常以百分数或千分数表示，即 $i = \tan\alpha = h/D$。

10.2　工程用图的选择

地形图是工程建设的基础资料，在工程建设的规划、设计和施工阶段，都要使用各种不同比例尺的地形图。通常应根据所设计或建设的工程建筑物平面位置和高程的精度要求，决定用图比例尺及等高距。

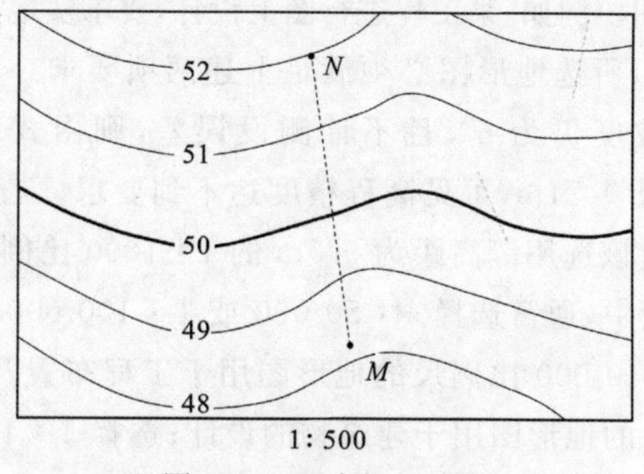

图 10-6　两点间的坡度

10.2.1　按平面精度要求确定用图比例尺

《城市测量规范》规定的图上点位中误差为 $m_{点位}=\pm 0.5\text{mm}$(平坦地区)。设计工程时,从图上一地物点出发通过量距标定工程点位。图上量距中误差一般认为是 $m_{量距}=\pm 0.2\text{mm}$,由此图上的工程设计点位中误差为

$$m_{量距}=\pm\sqrt{m_{点位}^2+m_{量距}^2}=\pm 0.54(\text{mm}) \tag{10-10}$$

考虑施工测设的点位中误差,则测设点的实地中误差为

$$m_{平面}=\pm\sqrt{m_{设计}^2+m_{测设}^2} \tag{10-11}$$

由式(10-11)可以确定用图比例尺。例如,取 $m_{测设}$ 为±0.05m,要求测设点的实地中误差不大于±1.0m,则选择 1∶1000 比例尺的地形图时,算得 $m_{平面}\approx\pm 0.54\text{m}$。可见 1∶1000 的地形图满足使用精度要求。

10.2.2　按高程精度要求确定用图等高距

地形图上一点的高程是根据相邻两条等高线内插求得的。因此,点的高程受两项误差的影响:一是等高线的高程误差;二是点的平面位置误差引起的高程误差。《城市测量规范》规定等高线的高程中误差为±1/2 等高距(丘陵地区)。考虑到待定点的高程需从两条等高线上引取,故由等高线提供的用于内插点计算的已知高程的中误差为 $\pm\sqrt{2}/2$ 等高距。图上标定点的平面位置中误差一般为±0.2mm,相当实地点位中误差是 $\pm 0.0002M$(m)。该项误差引起的高程中误差为 $\pm 0.0002M\tan\theta$(m),其中 θ 是地面坡度。综上所述,图上标定的设计点的高程中误差为

$$m_{高程}=\pm\sqrt{(\sqrt{2}/2\cdot 等高距)^2+(0.0002\cdot M\tan\theta)^2} \tag{10-12}$$

由式(10-12)可确定用图等高距。例如,设地面坡度为 6°,要求设计点的高程中误差不超过±1.0m。当选择比例尺 1∶2000、等高距为 1m 的地形图时,可算得 $m_{高程}=\pm 0.71\text{m}$。若改为 2m 等高距,则 $m_{高程}=\pm 1.41\text{m}$。可见,1m 等高距的图才满足使用精度要求。

10.2.3　由平面和高程精度要求联合选用地形图

某些工程选用地形图时,既有平面位置精度要求,又有高程位置精度要求,需同时考虑图

比例尺和等高距以确定用图。例如，某工程进行图上设计，要求实地点位中误差不超过±1.0m，高程中误差不超过±0.5m，所选地形图必须满足上述两项要求。当选择比例尺 1∶1000、等高距 1m 的地形图时，若坡度仍为 6°，且不计测设误差，则由式(10-11)及式(10-12)算得 $m_{平面}=\pm0.54$m，$m_{高程}=\pm0.71$m，可见高程精度达不到要求。若等高距改为 0.5m，则算得 $m_{高程}=\pm0.34$m。显然，应该选用等高距为 0.5m 的 1∶1000 比例尺的地形图。

顺便说明，在工程建设中，通常选择 1∶50 000 或 1∶100 000 比例尺的地形图用于区域规划；选择 1∶5000 或 1∶10 000 比例尺的地形图用于工程布置及地质勘探；选择 1∶1000、1∶2000或 1∶5000 比例尺的地形图用于建筑物的设计；选择 1∶100、1∶200 或 1∶500 比例尺的地形图用于工程施工。

10.3 地形图在工程建设中的应用

10.3.1 用地形图确定等坡度线

所谓等坡度线，就是沿线各点坡度相等的路线。如图 10-7 所示，从 A 或 A' 点开一条公路至 B 点，要求坡度不超过 i，图比例尺为 $1/M$，等高距为 h。首先由式 $d=h/(i\cdot M)$ 算出相邻等高线间按坡度要求的最短平距。然后以 A 点为圆心、d 为半径画弧，交相邻等高线于点 1，再以点 1 为圆心、d 为半径画弧，交下一相邻等高线于点 2，依此类推，直至 B 点得路线 $A-1\cdots B$。同样方法得到第二条路线 $A'-1'\cdots B$。例图中，比例尺为 1∶10 000，等高距为 1m，i 取 1%，算得 d 为 1cm。

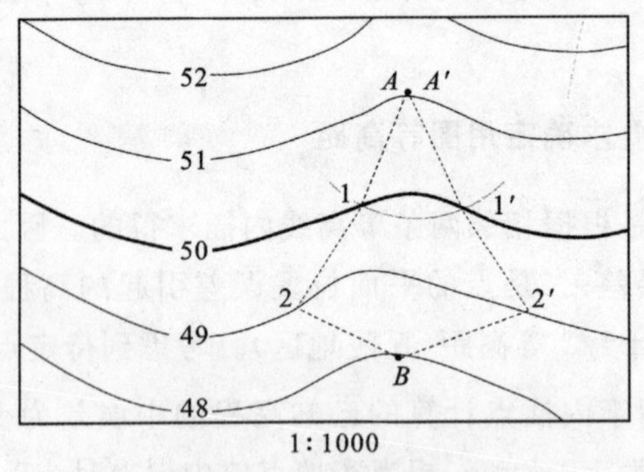

图 10-7 等坡度选线

显然，等坡度线亦是满足坡度要求的最短路线。图示的两条备选路线均符合等坡度要求，可以从中再选择一条路线较短、施工方便的线路。需说明，确定线路与等高线交点时，有可能出现 d 小于相邻等高线的间距，即所画弧与等高线无交点的情形。这表明地面坡度小于线路设定坡度，此时可按任意方向延伸线路，但该段路线坡度有所变化。

10.3.2 用地形图绘制地形断面图

地形断面图是表示地形沿某方向起伏形态的图形。如图 10-8 所示，欲绘制沿线段 AB 方向的断面图。首先，将线段 AB 与图上等高线的交点标出，即 b、c、d、… 各点；然后，以沿直线

AB 的平距为横轴，地形点高程为纵轴，构成一定比例尺的平面坐标系统 A-BH ；最后，在图上量取 b、c、d、… 各点至 A 的平距并读得各点高程，据此在坐标系 A-BH 中展绘各点，光滑连接各点即形成断面图。

因为断面长度一般远远大于断面内地形高差，为了突出地形起伏形态，断面图的高程比例尺通常大于平距比例尺。

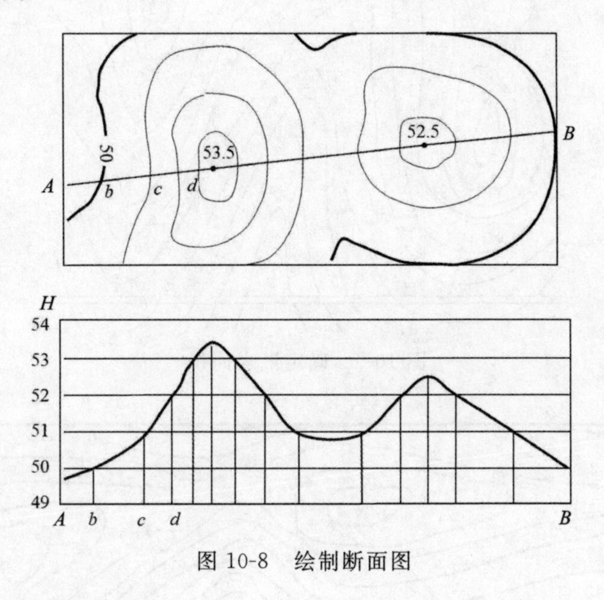

图 10-8　绘制断面图

10.3.3　用地形图确定汇水面积

为了防洪、发电、灌溉等目的，需在河道上适当的地方修筑拦水坝，坝的上游形成水库，以便蓄水。坝址上游分水线（山脊线）所围成的面积称为汇水面积（图 10-9）。

确定汇水面积必须在地形图上勾绘出分水线。分水线从水坝一端开始，沿山脊线延伸，最后回到坝的另一端，形成封闭曲线。从等高线的性质可知，分水线应与等高线垂直相交。显然，流经坝址断面的汇水面积就是封闭曲线所包围的面积。

10.3.4　用地形图计算水库库容

水库设计时，若坝的溢洪道高程已定，就可以在地形图上确定水库的淹没范围。淹没范围以下的蓄水量，即为水库的库容（图 10-10）。

用地形图计算库容一般采用等高线法，即利用图上相邻两条等高线求出其所夹体积的方法，将淹没范围内所有两两相邻等高线间的体积求出相加，即得库容。设 S_1 为淹没线高程的等高线所围成的面积，S_2、S_3、…、S_n、S_{n+1} 为淹没线以下各条等高线所围面积，其中 S_{n+1} 为最低一条等高线所围面积。等高距为 h ，h' 表示最低一条等高线与库底的高差。相邻等高线间体积可按下式计算

$$V_K = \frac{1}{2}(S_K + S_{K+1}) \cdot h \quad K = 1,2,\cdots,n \tag{10-13}$$

最低一条等高线与库底之间的体积则由下式算得

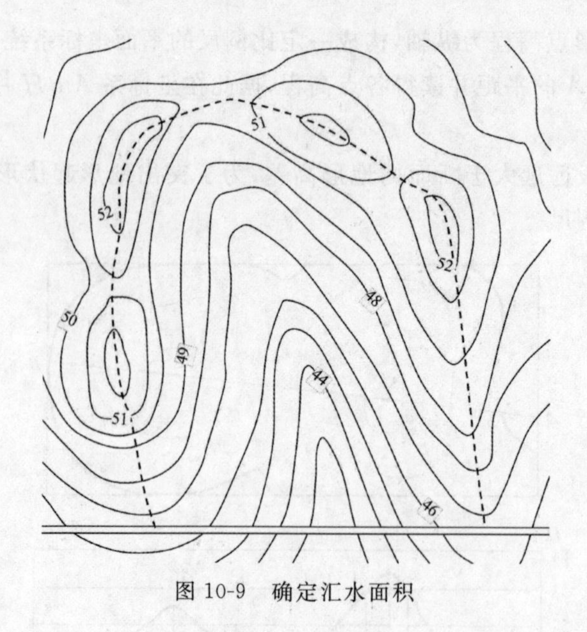

图 10-9　确定汇水面积

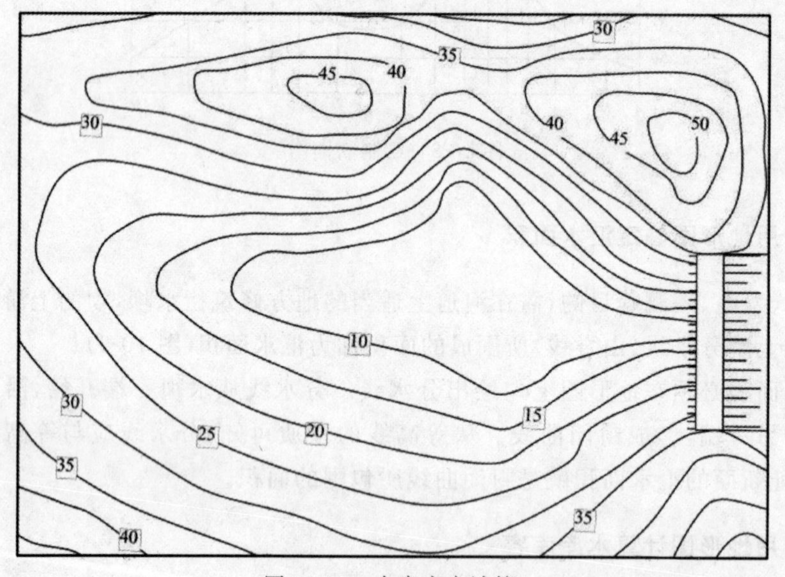

图 10-10　水库库容计算

$$V_n{}' = \frac{1}{3} S_{n+1} \cdot h' \tag{10-14}$$

水库库容为

$$V = \sum_{K=1}^{n} V_K + V_n' \tag{10-15}$$

当溢洪道高程不正好等于地形图上某一条等高线的高程时，就要根据溢洪道的高程用内插方法在图上插绘出淹没线，然后计算其与淹没线下第一条等高线间的体积，这时要用到淹没高程与淹没线下第一条等高线间高差，其余算法相同。

10.3.5　用地形图辅助场地平整

场地平整指将划定的作业地表整平或整理成规定的坡度。地形图用于场地整平，可以帮助设计人员确定最佳整平高程、挖填界线、工程土石方量等。

设图 10-11 所示为一块需要平整的场地，设计要求场地平整后的高程为 60m。

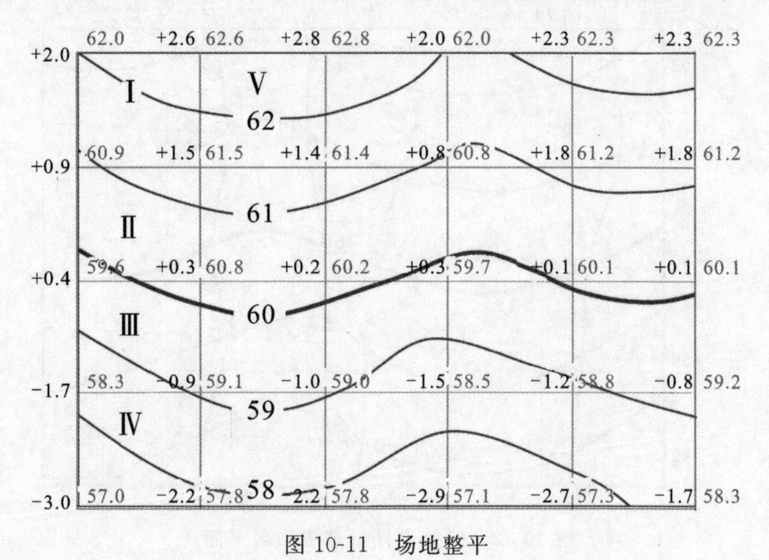

图 10-11　场地整平

因平整后高程设计为 60m，故地形图上 60m 等高线即为不填不挖的曲线，称为零线。图上高程高于零线的范围为挖方，高程低于零线的范围为填方。

设计时，在地形图上圈定的边界内，每隔一定间距（一般为实地 10～20m）在地形图上绘小方格（一般取 2cm 边长），然后进行编号。方格网大小取决于地形的复杂程度、地形图比例尺的大小和土方计算的精度要求。利用高程内插的方法计算方格顶点地面高，并标注在每个顶点上。

利用设计标高和格网顶点高程，计算每个格网顶点的高程，正号为挖，负号为填，填挖值为方格顶点地面高与设计地面高之差。并且将挖、填方高度注记在相应格点处。

实际计算时，可按方格线依次计算挖、填方量，然后再计算挖方量总和及填方量总和。

具体的计算如下：

方格Ⅰ

$$V_{\text{Ⅰ挖}}=-(2.0+2.6+1.5+0.9)A_{\text{Ⅰ挖}}=1.75A_{\text{Ⅰ挖}} \tag{10-16}$$

方格Ⅱ

$$V_{\text{Ⅱ挖}}=-(0.9+1.5+0.3+0+0)A_{\text{Ⅱ挖}}=0.54A_{\text{Ⅱ挖}} \tag{10-17}$$

$$V_{\text{Ⅱ填}}=-(0+0-0.4)A_{\text{Ⅱ填}}=-0.13A_{\text{Ⅱ填}} \tag{10-18}$$

全场地总填挖方量

$$V_{\text{挖}}=\sum V_{\text{挖}}, V_{\text{填}}=\sum V_{\text{填}} \tag{10-19}$$

显然，各相邻断面间的挖方体积累加就得到总挖方量，填方体积累加就得到总填方量。

在工程施工中，有时需要将场地按照要求整理成一定坡度的斜面，常出现的情况是要求所设计的倾斜面必须包含某些不能改动的高程点(称设计倾斜面的控制高程点),例如已有道路的中线高程点、永久性或大型建筑物的外墙地坪高程等。

如图10-12所示,设 A、B、C 三点为控制高程点,其地面高程分别为61.5m、59.1m和60.4m。要求将原地形整理成通过 A、B、C 三点的倾斜面,其土方量的计算步骤如下:

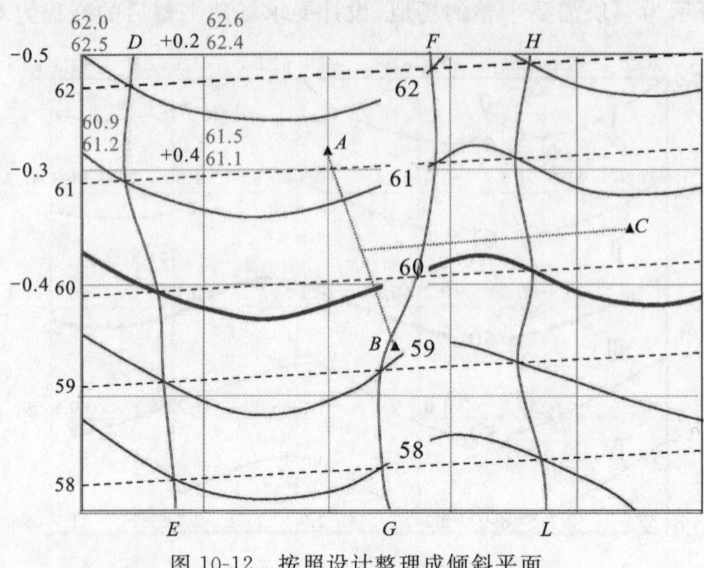

图10-12 按照设计整理成倾斜平面

(1)确定设计等高线的平距。

过 A、B 两点作直线,用比例内插法在 AB 直线上求出高程为60m、61m各点的位置,也就是设计等高线应经过 AB 直线上的相应位置。

(2)确定设计等高线的方向。

在 AB 直线上按比例内插出一点,使其高程等于 C 点的高程60.4m。过该点和 C 连一直线,则直线方向就是设计等高线的方向。

(3)插绘设计倾斜面的等高线。

过内插的整数点作平行线(图中的虚线),即为设计倾斜面的等高线。过设计等高线和原同高程的等高线交点的连线,如图中连接各个交点,就可得到挖、填边界线。图中 DE、HG、FL 即为挖、填边界线,DE 左侧、HG 和 FL 之间的区域为填土区,其余为挖土区。

(4)计算挖、填土方量。

与前面的方法相同,首先在图上绘制方格网,并确定各方格顶点的挖深和填高量。不同之处是各方格顶点的设计高程是根据设计等高线内插求得的,并注记在方格顶点的右下方,其填高和挖深量仍注记在各顶点的左上方。挖方量和填方量的计算与前面的方法相同。

除了方格网法以外,常用的还有等高线法和剖面法进行坡面整理和计算土方量。

另外,计算体积或土石方量时,当用户建立有作业区域的数字高程模型(DEM)时,则可利用DEM实现挖、填方量的自动计算。基本原理是作业区域内以设计高程面为界面,界面向上与地表所围部分为挖方,界面向下与地表所围部分为填方。无论挖方还是填方,均可微分成投影截面为矩形或三角形的柱体的集合,由计算各柱体体积并求和来得到总体积或方量。

实际上，许多地理信息系统软件均支持依据地形图建立 DEM，以及利用 DEM 自动计算体积的功能，用户可非常方便地使用。若是专门的软件，用户还可以利用 DEM 进行复杂的地表工程设计。

10.4　地形图的面积量算

地形图的应用中，常需量算图上某区域的面积，如流域面积、汇水面积，库容计算时的等高线包围面积，场地整平或线路设计时的地形断面面积等。图形面积量算主要有求积仪法和数字化法。

10.4.1　求积仪法

求积仪是一种专门供图上量算面积的仪器，它的优点是操作简便、速度快、适用于任意图形的面积量算，且能保证一定的精度。求积仪主要分为电子求积仪和机械式求积仪两种，较常用的是电子求积仪。电子求积仪是采用集成电路制造的一种新型求积仪，此仪器设定图形比例尺和计量单位后，将描迹镜中心点沿曲线推移一周后，可在显示窗上自动显示图形面积和周长。当图形为多边形时，只要依次描对各顶点，就可自动显示图形面积和周长，具有自动读数、自动计算面积、可换算面积单位等优点。如图 10-13 所示为常用电子求积仪的构造。

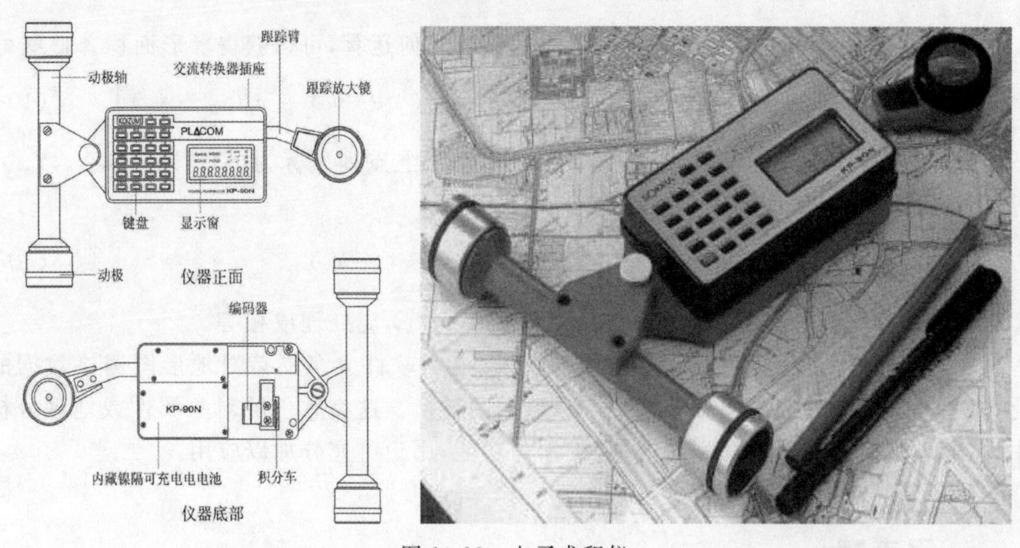

图 10-13　电子求积仪

电子求积仪使用方法主要分为以下几个步骤：

(1)固定待测面积的地形图，并将求积仪放在图形轮廓的中间偏左处，动极轴与跟踪臂大致垂直，放大镜大致放在图形中央。

(2)在图形轮廓线上标记起点。

(3)打开电源，手握描迹放大镜，使放大镜中心对准起点，按下“STAR”键后沿图形轮廓线顺时针方向移动。

(4)准确跟踪一周后回到起点，再按“OVER”键。此时显示器上显示的数值即为所测量的面积。

10.4.2 数字化法

表示在纸质材料上的图形为模拟图形，数字化仪是可将模拟图形转化为数字图形的计算机输入设备。面积量算中的数字化法，是将模拟图形转化为数字图形后计算面积的方法。目前常用的数字化仪主要为栅格数字化仪，其对图形数字化的结果是得到栅格图像数据，须经人工或计算机程序进一步处理后方可生成图形的矢量数据。矢量数据即是表示图形的平面坐标序列（$X_1,Y_1,X_2,Y_2,\cdots,X_n,Y_n$），它实际上是图形的按顺序排列的抽样点位。

如图 10-14 所示，四边形的面积可以表示为

$$P=P_{12y_2y_1}+P_{23y_3y_2}-P_{14y_4y_1}-P_{43y_3y_4} \tag{10-20}$$

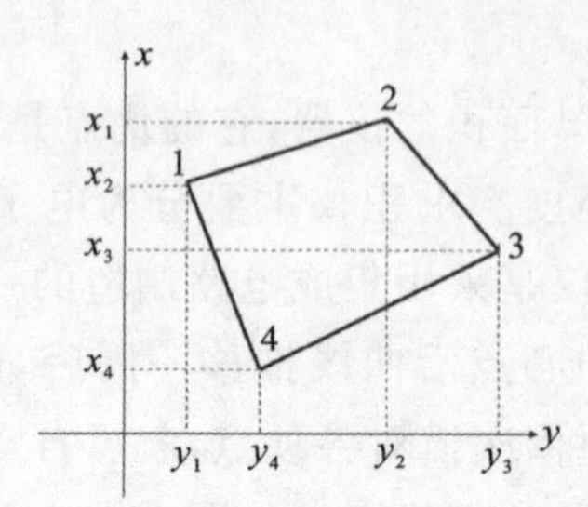

图 10-14 解析法原理

将四边形各个边和坐标轴围成的梯形面积进行几何运算，可以获得梯形面积。整理可得

$$P=\frac{1}{2}[x_1(y_2-y_4)+x_2(y_3-y_1)+x_3(y_4-y_2)+x_4(y_1-y_3)] \tag{10-21}$$

因此，对于任意 n 边形而言，如果数字化所得边界上点列坐标为（$X_1,Y_1,\cdots,X_n,Y_n$），则边界所包围的面积可采用梯形公式计算

$$S=\sum_{1}^{n}\frac{1}{2}(X_{i+1}-X_i)(Y_{i+1}+Y_i) \tag{10-22}$$

计算面积时，因是封闭边界，故（X_1,Y_1）与（X_n,Y_n）应处理成相等。

事实上，目前地理信息系统软件已相当普及，这类软件大多支持对地形图栅格数据的矢量化，有些甚至能自动完成栅格数据到矢量数据的转换。这类软件的对象属性或地理分析模块中，一般还直接具有图形面积的计算、统计等功能，用户可充分加以应用。

思考题

➢ 设有比例尺 1∶500、等高距为 1m 的地形图，作业区地表坡度为 10°，试问图上设计点的平面高程中误差是多少？

➢ 用断面法计算工程土石方量时，影响方量计算精度的因素有哪些？

➢ 数字化法量算地形图的图形面积时，为什么可以用图形边界上密集的点坐标（$X_1,Y_1,\cdots,X_n,Y_n$）来计算该图形的面积？

➢ 了解一下数字高程模型 DEM，尝试解释 DEM 如何计算地表相对于某高程平面的体积？

第 11 章　工程测量的基本工作

11.1　概　述

工程测量是指各项工程在规划设计、施工建设和运营管理阶段所进行的各种测量工作。工程测量的内容，如果按照其服务对象来讲，它包括工业建设、城市建设、交通工程（铁路、公路、机场、车站、桥梁、隧道）、水利水电工程（河川枢纽、大坝、船闸、电站、渠道）、地下工程、管线工程（高压输电线、输油送气管道）、矿山工程等。

根据工程建设规划设计、施工和运营管理 3 个不同阶段，工程测量任务主要包括工程勘测、施工测量和安全监测。

(1)规划设计阶段的测量工作。工程建设必须按照自然条件和预期目的进行规划设计。这个阶段中的测量工作主要是提供各种比例尺的地形图，另外还要为工程地质勘探、水文地质勘探以及水文测验等进行测量工作。

(2)施工阶段的测量工作。工程设计经过讨论、审查和批准后进入施工阶段。首先按照要求将设计的工程建筑物在现场标定出来，作为实地修建的依据。为此，要根据施工现场的地形、工程的性质以及施工的组织与计划等，建立不同形式的施工控制网，作为施工放样的基础。然后再依据施工的需要，采用各种不同的放样方法，将图纸上设计的内容测设到实地。此外，还要进行施工质量控制，如高层建筑物的竖直度、地下工程断面等的监控。为监测工程进度，还要进行开挖与土方量测量以及工程竣工测量、变形观测及设备的安装测量等工作。

(3)运营管理阶段的测量工作。在运营期间，为了监控工程建筑物安全情况，了解设计是否合理，验证设计理论是否正确，需要对工程建筑物的水平位移、沉陷、倾斜以及摆动等进行定期或持续的监测。这些工作就是变形观测。对于大型的工业设备，还要进行经常性的检测和调校，以保证其按设计安全运行。为了对工程进行有效的管理、维护及日后扩建的需要，还应建立工程信息系统。

综上所述，工程测量涵盖的内容非常广泛，本章仅简要地介绍施工测量、变形监测和竣工测量的基本理论与方法。

11.2　施工测量

在施工阶段所进行的测量工作称为施工测量。施工测量是按照设计要求以一定的精度将设计图纸上的建筑物平面位置和高程测设到地面上，并以此作为施工依据。该过程与地形测量相反。

建筑物的施工放样必须遵循“由整体到局部”“先控制后细部”的原则，即先放样建筑物的主轴线，再以主轴线为依据来放样各细部结构。

施工测量的内容主要包括：施工控制网的建立；建筑物主要轴线的测设；建筑物的细部，如基础模板、构件与设备的安装测量等；工程竣工测量；施工过程中以及工程竣工后的建筑物变形监测。总之，施工测量贯穿于工程建设的全过程。

一般来说，施工测量的精度比测绘地形图的精度要求高，而且建筑物的重要性、结构及施工方法等不同，对施工测量的精度要求也有所不同。例如，工业建筑测设精度高于民用建筑，钢结构建筑物测设的精度高于钢筋混凝土结构的建筑物，装配式建筑物的测设精度高于非装配式的建筑物，高层建筑物的测设精度高于低层建筑物等。

由于施工测量贯穿于施工的全过程，施工测量工作直接影响工程的质量及施工进度，因此，测量人员必须熟悉有关图纸，了解工程设计内容、性质及对测量工作的要求，熟悉施工过程，密切配合施工进度进行测设工作。另外，建筑施工现场多为立体交叉作业，且有大量的重型动力机械，这对施工控制点的稳定和施工测量工作带来一定的影响。因此，测量标志的埋设应特别稳固，并应妥善保护，经常检查，对于已发生位移或遭到破坏的控制点应及时恢复和重测。

应特别提出的是，施工测量不同于地形测量，在施工测量中出现的任何差错都可能造成严重的质量事故和巨大的经济损失。因此，测量人员应严格执行质量管理规程，仔细复核放样数据，避免放样错误的发生。

11.2.1　施工控制测量

为工程施工放样建立的控制网称为施工控制网，其主要目的是为建筑物的施工放样提供依据。此外，施工控制网也可为工程的维护保养、扩建或改建提供依据。因此，施工控制网的布设应密切结合工程施工的需要及建筑场地的地形条件，选择适当的控制网形式和合理的布网方案。

1)施工控制网的特点

与测图控制网相比，施工控制网具有以下一些特点。

(1)控制的范围小，精度要求高。

在工程勘测期间所布设的测图控制网，其控制范围大于工程建设的区域。对于水利枢纽工程、隧道工程和大型工业建设场地，其控制面积约在几平方千米到十几平方千米，一般的工业建设场地大都在 $1km^2$ 以下。由于工程建设需要放样的点、线十分密集，如果没有较为稠密的测量控制点，将会给放样工作带来困难。施工控制网的精度应该满足工程放样后的要求，一般较测图控制网精度要求高。

(2)施工控制网的点位分布有特殊要求。

施工控制网是为工程施工服务的，为施工测量应用方便，不同工程对点位的埋设有不同的要求。如桥梁施工控制网、隧道施工控制网和水利枢纽工程施工控制网要求在桥梁中心线、隧道中心线和坝轴线的两端分别埋设控制点，以便准确地标定工程的位置，减少放样测量的误差。

(3)控制点使用频繁,受施工干扰大。

大型工程在施工过程中,不同的工序和不同的高程面上往往要频繁地进行放样,施工控制网点反复被应用,有的甚至多达数十次。此外,工程的现代化施工,经常采用立体交叉作业的方法,施工机械频繁调动,对施工放样的通视等条件产生了严重影响。因此,施工控制网点应位置恰当、坚固稳定、使用方便、便于保存,且密度较大,以便使用时有灵活选择的余地。

(4)控制网投影到特定的平面。

为了使控制点坐标反算的两点间长度与实地两点间长度之差尽量小,施工控制网的长度不是投影到大地水准面上,而是投影到指定的高程面上。如工业场地施工控制网投影到厂区平均高程面上,桥梁施工控制网投影到桥墩顶高程面上等,有的工程要求将投影面选择在放样精度要求最高的平面上。

(5)采用独立的建筑坐标系。

在工业建筑场地,还要求施工控制网点连线与施工坐标系的坐标轴相平行或相垂直,并要求其坐标值尽量为米的整倍数,以利于施工放样的计算工作。如以厂房主轴线、大坝主轴线、桥中心线等为施工控制网的坐标轴线。

当施工控制网与测图控制网联系时,应进行坐标换算,以便今后的测量工作。换算方法如图 11-1 所示,设 xoy 为第一坐标系统,$x'o'y'$ 为第二坐标系统,则 P 点在两个坐标系统中的坐标分别为 (x,y),(x',y'),它们之间的换算关系式为

$$\begin{bmatrix} x \\ y \end{bmatrix} = \begin{bmatrix} a \\ b \end{bmatrix} + \begin{bmatrix} \cos\alpha & -\sin\alpha \\ \sin\alpha & \cos\alpha \end{bmatrix} \begin{bmatrix} x' \\ y' \end{bmatrix} \tag{11-1}$$

$$\begin{bmatrix} x' \\ y' \end{bmatrix} = \begin{bmatrix} \cos\alpha & \sin\alpha \\ -\sin\alpha & \cos\alpha \end{bmatrix} \begin{bmatrix} x-a \\ y-b \end{bmatrix} \tag{11-2}$$

式中:a 、b 和 α 由设计文件给定。

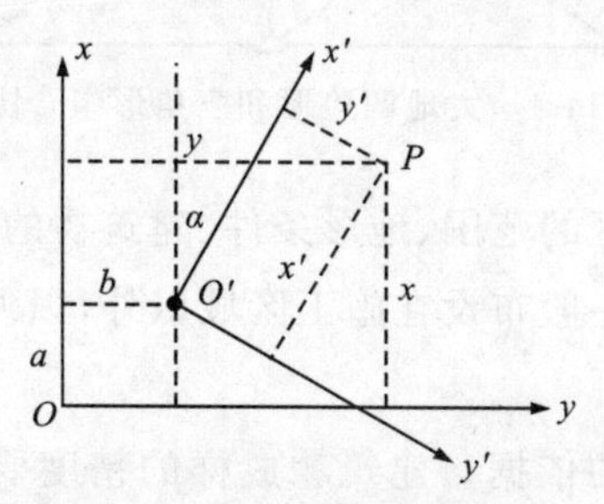

图 11-1　坐标换算示意图

由于施工控制网具有上述特点,因而施工控制网应为施工总平面图设计的一部分,设计点位时应充分考虑建筑物的分布、施工的程序、施工的方法以及施工场地的布置情况,将施工控制网点画在施工总平面图相应的位置上,并要求工地上的所有人员爱护测量标志,注意保存控制点。

2)平面控制网的建立

平面控制网一般分两级布设,首级为基本网,它起着控制各建筑物主轴线的作用;次级为定线网,它直接控制建筑物的辅助轴线及细部位置。如果在建筑区域内保存有原来的测图控

制网，且能满足施工放样精度的要求，则可用作施工控制网，否则应重新布设施工控制网。

对位于起伏较大山区的建筑物，常采用三角网作为基本控制网，定线网以基本网为基准，用交会定点等方法加密。也可用基本控制网测设一条基准线，用它来布设矩形网。由于建筑物的内部相对位置精度要求较高，因此定线网的测量精度不一定比基本网的测量精度低，有时定线网的内部相对精度甚至比基本控制网精度要高得多。

目前，常用的平面施工控制网形式有三角网（包括测角三角网、测边三角网和边角网）、导线网、GPS网等。对于不同的工程要求和具体地形条件可选择不同的布网形式。例如，对位于山岭地区的工程（水利枢纽、桥梁、隧道等），一般可采用三角测量（或边角测量）的方法建网；对于地形平坦的建设场地，可采用任意形式的导线网；对于建筑物布置密集而且规则的工业建设场地可采用矩形控制网（即所谓的建筑方格网）。有时布网形式可以混合使用，如首级网采用三角网，在其下加密的控制网则可以采用矩形控制网。

图 11-2 是由实线连成大地四边形构成的基本控制网；图 11-3 是由实线连成的双大地四边形基本控制网；图 11-4 是由大地四边形和三角形组成的基本控制网。

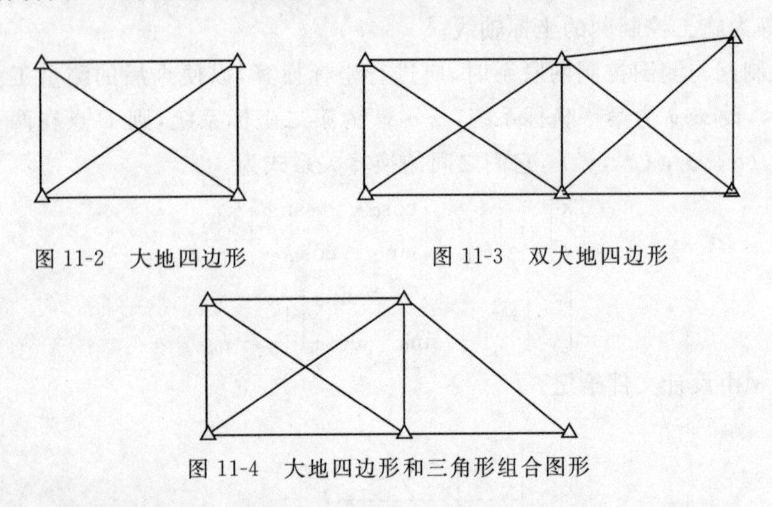

图 11-2　大地四边形

图 11-3　双大地四边形

图 11-4　大地四边形和三角形组合图形

施工控制点必须根据施工区的范围、地形条件、建筑物的位置和精度要求、施工的方法和程序等因素进行布设。基本网一般布设在施工区域以外，以便长期保存。定线网应尽可能靠近建筑物，以便放样。

施工控制网是建筑物放样的依据。建筑物放样的精度要求是根据建筑物竣工时相对设计尺寸的容许偏差（即建筑限差）来确定的。建筑物竣工时的实际误差包括施工误差（构件制造误差、施工安装误差）、测量放样误差以及外界条件（如温度）所引起的误差。测量误差只是其中的一部分。但由于施工测量是建筑施工的先行工作，定位不正确将造成较大的损失。测量误差是放样后细部点平面点位的总误差，它包括控制点误差对细部点的影响及施工放样过程中产生的误差。建立施工控制网时，应使控制点误差引起细部点的误差，相对于施工放样的总误差来说，小到可以忽略不计。可以证明，若施工控制点误差的影响在数值上小于点位总误差的 40%时，它对细部点的影响仅及总误差的 10%，可以忽略不计。

可通过以下 3 种途径获得高精度的控制网：

(1)提高观测值的精度。如采用较精密的测量仪器测量角度和距离。

(2)建立良好的控制网网形结构。在三角测量中,一般应将三角形布设成近似等边三角形。另外,测角网有利于控制横向误差(方位误差),测边网有利于控制纵向误差,如将两种网形结构组合成边角网的形式,则可达到网形结构优化的目的。

(3)增加控制网中的观测值个数,即增加多余观测。具体观测数的增加方案应根据实际的控制网形状分析确定。

3)高程控制网的建立

为施工服务的高程控制网,在勘测期间所建立的高程控制点在点位的分布和密度方面往往不能满足施工的要求,必须进行适当加密。高程控制网一般也分两级,一级水准网与施工区域附近的国家水准点连测,布设成闭合(或附合)形式,称为基本网。基本网的水准点应布设在施工爆破区外,作为整个施工期间高程测量的依据。另一级是由基本水准点引测的临时性作业水准点,它应尽可能靠近建筑物,做到安置一次或二次仪器就能进行高程放样。

在起伏较大的山岭地区,平面控制网和高程控制网通常是各自单独布设,在平坦地区(如工业建筑场地),常常将平面控制网点作为高程控制点,组成水准网进行高程观测,使两种控制网点合为一体。但作高程起算的水准基点组则要按专门的设计单独进行埋设。

11.2.2　施工放样的基本工作

1)直线长度的放样

根据一已知点,在要求的方向上测设另一点,使两点的距离为设计长度,就是长度的放样,或称长度的测设。

(1)用钢尺进行长度的测设。

设 D 为欲测设的设计长度(水平距离),在实地丈量的距离 D'(称为放样数据)必须加尺长、倾斜、温度等改正后,才等于设计长度,即

$$D = D' + \Delta l + \Delta t + \Delta h \tag{11-3}$$

式中:Δl 为尺长改正数;Δt 为温度改正数;Δh 为倾斜改正数。

因此,放样数据 D' 为

$$D' = D - \Delta l - \Delta t - \Delta h \tag{11-4}$$

上述各项改正数的计算见第 4 章第 4.1 节。

例 11-1　如图 11-5 所示,自 A 点沿 AC 方向的倾斜地面上测设一点 B,使水平距离为 26m。设所用的 30m 钢尺在温度 $t_0 = 20$ ℃时,鉴定的实际长度为 30.003m,钢尺的膨胀系数 $\alpha = 1.25 \times 10^{-5}$,测设时的温度 $t = 4$℃。预先用钢尺概量 AB 长度的 B 点的概略位置,用水准仪测得 AB 的高差 $h = 0.75$m。试求测设时的实量长度。

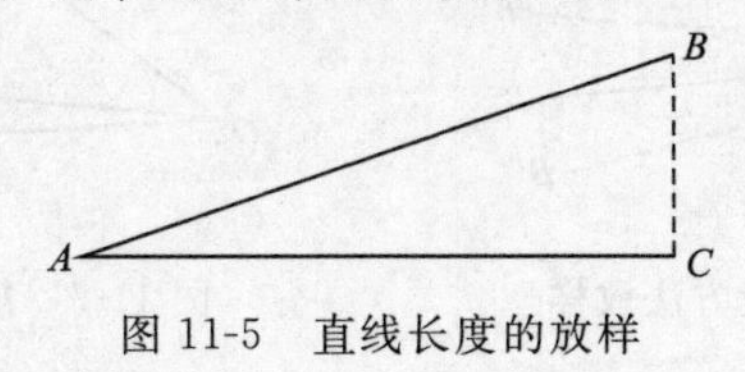

图 11-5　直线长度的放样

解：首先计算下列改正数

$$\Delta l = 26 \times \frac{30.003 - 30.000}{30.003} \approx +0.003(\mathrm{m})$$

$$\Delta h = -\frac{0.75^2}{2 \times 26} \approx -0.011(\mathrm{m})$$

$$\Delta t = 26 \times 1.25 \times 10^{-5} \times (4 - 20) \approx -0.005(\mathrm{m})$$

由此得放样数据 $D' = 26.000 - 0.003 + 0.011 + 0.005 = 26.013(\mathrm{m})$。

当测设长度的精度要求不高时，可以不考虑温度改正，在倾斜地面上可拉平钢尺丈量。

---

(2)用测距仪或全站仪测设长度。

用测距仪或全站仪进行直线长度放样时，可先在 AB 方向线上目估安装反射棱镜，用测距仪测出的水平距离，设为 D'。若欲测设距离 D 相差 ΔD，则可前后移动反射棱镜，直至测出的水平距离为 D。

2)水平角的放样

在地面上测量水平角时，角度的两个方向已经固定在地面上，而在测设一水平角时，只知道角度的一个方向，另一方向线需要在地面上定出来。

(1)一般方法。

如图 11-6 所示，设在地面上已有一方向线 OA，欲在 O 点测设第二方向线 OB，使 $\angle AOB=\beta$。可将经纬仪安装在 O 点上，在盘左位置用望远镜瞄准 A 点，使度盘读数为 0°，然后转动照准部，使度盘读数为 β，在视线方向上定出 B' 点。再用盘右位置重复上述步骤，在地面上定出 B''。B' 与 B'' 往往不相重合，取其中点 B，则 $\angle AOB$ 就是要测设的水平角。

(2)精确方法。

如图 11-7 所示，在 O 点根据已知方向线 OA，精确地测设 $\angle AOB$，使它等于设计角 β。可先用经纬仪盘左位置放出角的另一方向线 OB'，而后用测回法多次观测 $\angle AOB'$，得角值 β'，它与设计角 β 之差为 $\Delta\beta$。为了精确定出正确的方向 OB，必须改正小角 $\Delta\beta$，为此由 O 点沿 OB' 方向丈量一整数长度 l，得 b' 点，从 b' 作 OB' 的垂线，用下式求得垂线 $b'b$ 的长度

$$b'b = l\tan\Delta\beta \tag{11-5}$$

由于 $\Delta\beta$ 很小，式(11-5)可写为

$$b'b = l \cdot \frac{\Delta\beta''}{\rho''} \tag{11-6}$$

式中：$\Delta\beta$ 以秒为单位；$\rho'' = 206\ 265''$。

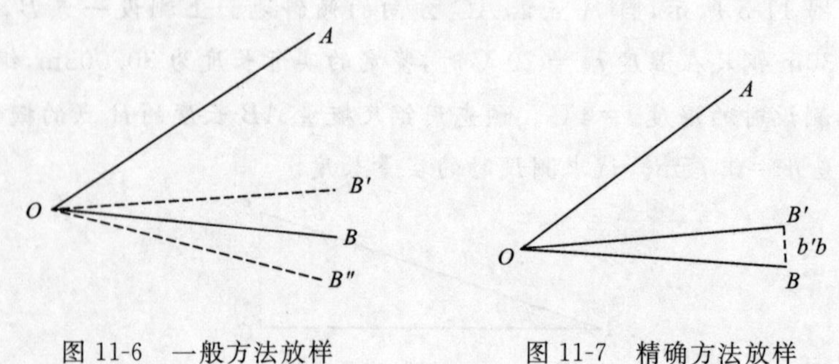

图 11-6　一般方法放样　　　图 11-7　精确方法放样

3)高程放样

将点的设计高程测设到实地上，是根据附近的水准点用水准测量的方法进行的。若水准点 BM_{50} 的高程为 7.327m，欲测设 A 点，使其等于设计高程 5.513m，可将水准仪安置在水准点 BM_{50} 与 A 点中间，后视 A，得读数为 0.874m。则视线高程为

$$H_1 = H_{BM_{50}} + 0.874 = 7.327 + 0.874 = 8.201(\mathrm{m})$$

要使 A 点的高程等于 5.513m，则 A 点水准尺上的前视读数必须为

$$b_1 = H_1 - H_A = 8.201 - 5.513 = 2.688(\mathrm{m})$$

测设时，先在 A 点打一木桩，逐渐向下打，直至立在桩顶上水准尺的读数为 2.688m 时，此时桩顶的高程即为 A 点的设计高程。也可将水准尺沿木桩的侧面上下移动，直至尺上读数为 2.688m，这时沿水准尺的零线在桩的侧面绘一条红线或钉一个涂上红漆的小钉，其高程即为 A 点的设计高程。

4)测设放样点平面位置的基本方法

测设放样点平面位置的基本方法有直角坐标法、方向线交会法、极坐标法、角度交会法、距离交会法、直接放样法等几种。

(1)直角坐标法。

当施工场地上已布置了矩形控制网时，可利用矩形网的坐标轴测放点位。

如图 11-8 所示，建筑物中 A 点的坐标已在设计图纸上确定。测设到实地上时，只要先求出 A 点与方格顶点 O 的坐标增量，即

$$AQ = \Delta x = x_A - x_0$$

$$AP = \Delta y = y_A - y_0$$

在实地自 O 点沿 OM 方向量出 Δy 得 Q 点，由 Q 点作垂线，在垂线上量出 Δx，即得 A 点。

(2)方向线交会法。

方向线交会法是由两相交直线（尤其是相互垂直的直线）的端点，测设交点的方法。如图 11-9 所示，用两架经纬仪分别架设在两直线的一端点 A 和 B，照准另一端点 A' 和 B'，则两视线的交点 P 即为所测设的交点。

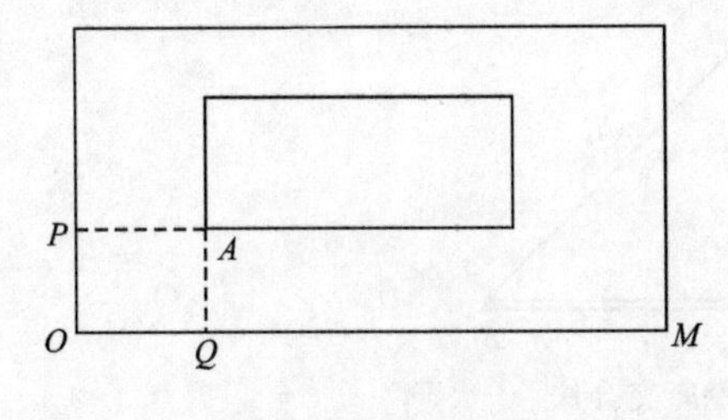

图 11-8　直角坐标法

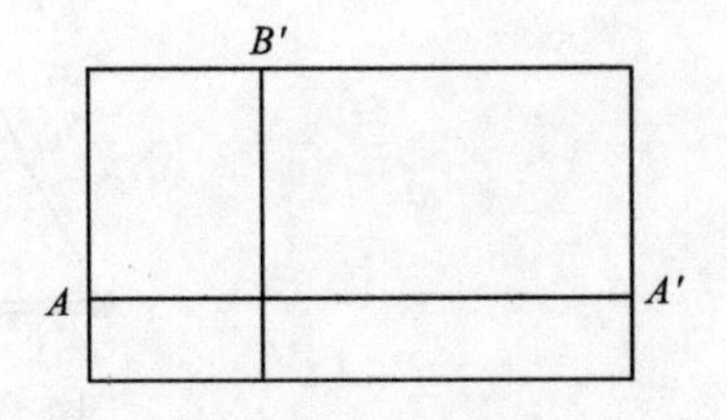

图 11-9　方向线交会法

(3)极坐标法。

图 11-10 中，A、B、C 是控制点，碎部点 P（屋角）的位置可由控制点 A 到 P 点的距离 d 和 AB 与 AP 之间的夹角 β 确定。d 与 β 为放样数据，放样之前必须算出 d 与 β 的值。

可用坐标反算公式计算 d 与 β。设 P 的设计坐标（x_P、y_P）已知，则

$$\tan\alpha_{AB} = \frac{y_B - y_A}{x_B - x_A}$$

$$\tan\alpha_{AP} = \frac{y_P - y_A}{x_P - x_A}$$

$$\beta = \alpha_{AP} - \alpha_{AB}$$

$$d = \frac{y_P - y_A}{\sin\alpha_{AP}} = \frac{x_P - x_A}{\cos\alpha_{AP}}$$

测设 P 点时，可将经纬仪安置在控制点 A 上，用第 3 节中测设角度的方法标定 β 角，然后在这方向线上丈量距离 d，即得 P 点的平面位置。图中多一个控制户点，可以用于检查放样成果是否正确。

(4)角度交会法。

图 11-11 中，A、B 为控制点，P 为待定点，需要测设它的位置。首先根据 P 点的设计坐标和控制点的坐标，计算放样数据 α、β。测设时，分别在控制点 A、B 点上各安置一架经纬仪，分别以 α 和 β 测设，即可交会出 P 点的位置。

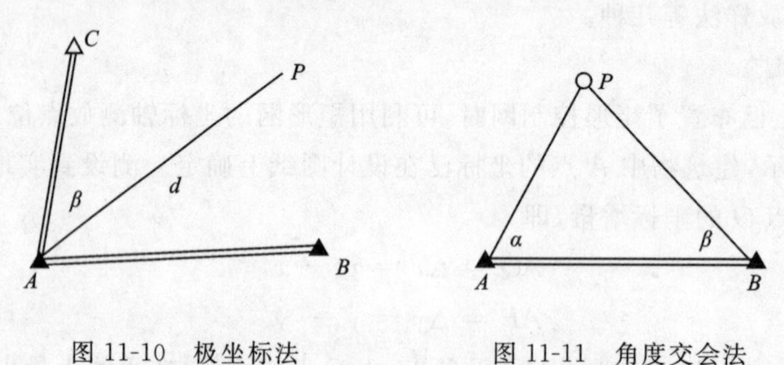

图 11-10　极坐标法　　图 11-11　角度交会法

(5)距离交会法。

如图 11-12 所示，以控制点 A、B 为圆心，分别以 AP、BP 的长度(可用坐标反算公式求得)为半径在地面上作圆弧，两圆弧的交点即为 P 点的平面位置。

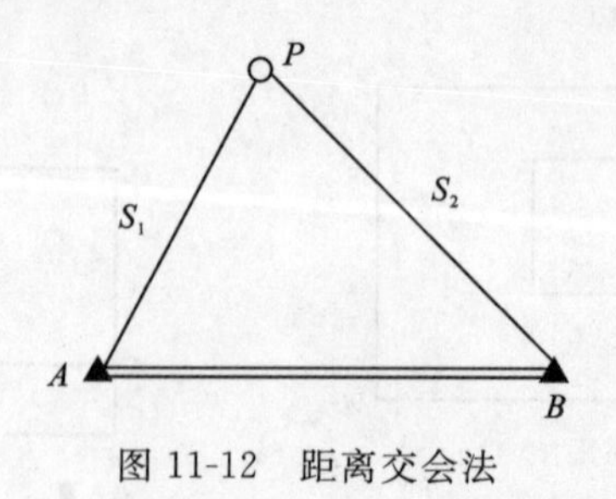

图 11-12　距离交会法

(6)直接放样法。

全站仪和 GPS RTK 都具有直接放样点的平面位置的功能，使用它们进行放样适合各种场合，当距离较远、地势复杂时尤为方便。

全站仪坐标法：将全站仪安置在已知控制点上，并选取另一已知控制点作为后视点，将全站仪置于放样模式，输入设站点、后视点的已知坐标及待放样点的设计坐标；瞄准后视点进行定向;持镜者将棱镜立于放样点附近,观测者瞄准棱镜,按坐标放样功能键,可显示出棱镜位置与放样点的坐标差;指挥持镜者移动棱镜,直至移动到放样点的位置。

GPS RTK 坐标法:将 GPS RTK 的基准站安置在已知控制点上,并设置基准站;选取 2~3 个已知控制点,GPS RTK 流动站在选取的已知控制点进行数据采集,用来求解 WGS-84 到地方坐标系(或施工坐标系)的转换参数;将待放样点的设计平面坐标输入到流动站的电子手簿,移动流动站,按电子手簿上的图形指示,可很方便地将放样点的位置找到。

11.3　变形监测

11.3.1　建筑物变形监测的意义、内容和方法

工程建筑物的变形观测是随着工程建设的发展而兴起的一门学科。近年来,我国兴建了大量的水工建筑物、大型工业厂房和高层建筑物。由于工程地质、外界条件等多种因素的影响,建筑物及其设备在运营过程中都会产生一定的变形。这种变形常常表现为建筑物整体或局部发生沉陷、倾斜、扭曲、裂缝等。如果这种变形在允许的范围之内,则认为是正常现象;如果超过了一定的限度,就会影响建筑物的正常使用,严重的还可能危及建筑物的安全。例如,不均匀沉降使某汽车厂巨型压机的两排立柱靠拢,导致巨大的齿轮“咬死”而不得不停工大修;某重机厂柱子倾斜使行车轨道间距扩大,造成了行车下坠事故。不均匀沉降还会使建筑物的构件断裂或墙面开裂,使地下建筑物的防水措施失效。因此,在工程建筑物的施工和运营期间,都必须对它们进行变形观测,以监视建筑物的安全状态。此外,变形观测的资料还可以验证建筑物设计理论的正确性,修正设计理论上的某些假设和采用的参数。

引起建筑物变形有客观原因和主观原因两个方面。客观原因主要有:建筑物的自重,使用中的动荷载、振动或风力等因素引起的附加荷载,地下水位的升降、建筑物附近新工程施工对地基的扰动等。主观原因主要有:地质勘探不充分,设计错误,施工质量差,施工方法不当等。分析引起建筑物变形的原因对以后变形监测数据的分析解释是非常重要的。

变形观测的主要任务是周期性地对观测点进行重复观测,以求得其在观测周期内的变化量。为了求得瞬时变形,则应采用各种自动化仪器记录其瞬时位置。变形观测的内容应根据建筑物的性质和地基情况决定,应能正确地反映出建筑物的变形情况,达到监视建筑物的安全、了解变形规律的目的。

不同用途的建(构)筑物,变形观测的要求有所不同。对于工业与民用建筑物,主要进行沉陷、倾斜和裂缝的观测,即静态变形观测;对于高层建筑物,还要进行振动观测,即动态变形观测;对于大量抽取地下水及进行地下采矿的地区,则应进行地表沉降观测;对于大型水工建筑物,例如混凝土坝,由于水的侧压力、外界温度变化、坝体自重等因素的影响,坝体将产生沉降、水平位移、倾斜、挠曲等变化,因而需要进行相应内容的变形观测。对于某些重要建筑物,除了进行必要的变形监测外,还需要对其内部的应变、应力、温度、渗压等项目进行观测,以便综合了解建筑物的工作性态。

工程建筑物变形观测的方法,要根据建筑物的性质、使用情况、观测精度以及周围的环境来确定。一般来说,对垂直位移多采用精密水准测量、液体静力水准测量或微水准测量方法

进行观测。

对水平位移，若是直线形建筑物，一般采用基准线法观测；若是曲线形建筑物，一般采用导线法观测。混凝土坝的挠度，一般采用正、倒锤线法观测。建筑物的裂缝或建筑物的伸缩缝开合可采用测缝计或其他测定方法进行观测。

近年来，由于变形观测精度以及对监测连续性要求的增加，变形观测技术在测量的精度和自动化程度方面都有了很大的发展。

11.3.2 变形观测的精度与周期

1)观测精度

在制定变形观测方案时，首先要确定精度要求。如何确定精度是一个不易回答的问题，国内外学者对此作过多次讨论。在1971年国际测量工作者联合会(FIG)第十三届会议上工程测量组提出："如果观测的目的是使变形值不超过某一允许的数值而确保建筑物的安全，其观测的中误差应小于允许变形值的1/10～1/20；如果观测的目的是研究其变形的过程，则其中误差应比这个数小得多。"

变形监测的目的大致可分为3类。第一类是安全监测。它希望通过重复观测能及时发现建筑物的不正常变形，以便及时分析和采取措施，防止事故的发生。第二类是积累资料。由于地基的组成成分复杂，土力学对实验数据的依赖性很大。例如，在不同土质中不同基础的承载能力与预期沉降量等重要设计参数大多是用经验公式计算的，而经验公式中的一些参数则是在大量实践基础上用统计方法求得的。各地对大量不同基础形式的建筑物所作沉降观测资料的积累，是检验设计方法的有效措施，也是以后修改设计方法、制定设计规范的依据。第三类是为科学试验服务。它实质上可能是为了收集资料、验证设计方案，也可能是为了安全监测。只是它是在一个较短时期内，在人工条件下让建筑物产生变形。测量工作者要在短时期内以较高的精度测取一系列变形值。例如，对于某种新结构、新材料作加载试验。

显然，不同的目的所要求的精度不同。为积累资料而进行的变形观测精度可以低一些，另两种目的要求精度高一些。但是究竟要具有什么样的精度，仍没有完全解决。因为设计人员无法回答结构物究竟能承受多大的允许变形。在多数情况下，设计人员总希望将精度要求提高一些，而测量人员希望定得低一些。因此变形观测的精度要求常常是由设计、施工、测量几方面人员针对具体工程具体商量，是需要与可能之间妥协的结果。

对于重要的工程，例如拦在长江、黄河上的大坝，粒子加速器等，则要求"以当时能达到的最高精度为标准进行变形观测"。考虑到测量工作的成本与整个工程的造价相比是非常微小的，因此对于重要工程按上述原则确定精度要求是恰当的。

2)变形观测的周期

变形观测的时间间隔称为观测周期，即在一定的时间内完成一个周期的测量工作。根据观测工作量和参加人数，一个周期可从几小时到几天。观测速度要尽可能快，以免在观测期间某些标志产生了新的变化。

及时进行第一周期的观测有重要的意义。因为延误最初的测量就可能失去已经发生的变形数据，而且以后各周期的重复测量成果是与第一次观测成果相比较的，因此，应特别重视第一次观测的质量。

观测周期与工程的大小、测点所在位置的重要性、观测目的以及观测一次所需时间的长短有关。一般可按荷载的变化或变形的速度加以确定。

如果按荷载阶段来确定周期，建筑物在基坑浇筑第一方混凝土后应立即开始沉陷观测。在软基上兴建大型建筑物时，一般从基坑开挖测定坑底回弹就开始进行沉陷观测。一般来说，从开始施工到满荷载阶段，观测周期为 10～30 天，从满荷载起至沉陷趋于稳定时，观测周期可适当放长。具体观测周期可根据工程进度或规范规定确定。

在施工期间，若遇特殊情况（暴雨、洪水、地震等），应进行加测。

11.3.3　变形监测点的分类

变形监测的测量点一般分为基准点、工作点和变形观测点 3 类。

1）基准点

基准点为变形观测系统的基本控制点，是测定工作点和变形点的依据。基准点通常埋设在稳固的基岩上或变形区域以外，以尽可能长期保存，稳定不动。每个工程一般应建立 3 个基准点，当确认基准点稳定可靠时也可少于 3 个。

2）工作点

工作点又称工作基点，它是基准点与变形观测点之间起联系作用的点。工作点埋设在被监测对象附近，要求在观测期间保持点位稳定，其点位由基准点定期检测。

3）变形观测点

变形观测点是直接埋设在变形体上的能反映建筑物变形特征的测量点，又称观测点，一般埋设在建筑物内部，并根据测定它们的位置随时间变化来判断这些建筑物的沉陷与位移。

对通视条件较好或观测项目较少的工程，可不设立工作点，而是在基准点上直接测定变形观点。监视建筑物变形的精确和适时与否，在很大程度上取决于测量点布设的位置与数量。因此，变形监测系统设计时除测量人员以外，还应有熟悉建筑物地区基础的地质和结构专家。

11.3.4　变形观测数据处理

欲使变形观测起到监视建筑物安全使用和充分发挥工程效益的作用，除了进行现场观测取得第一手资料外，还必须对观测资料进行整理分析，即对变形观测数据作出正确分析处理。

变形观测数据处理工作的主要内容包括两方面：一是将变形观测资料加以整理，绘制成便于实际应用的图表，这个工作也叫数据整编。二是分析和解释变形的成因，给出变形值与荷载（引起变形的有关因素）之间的函数关系，从而对建筑物运营状态作出正确判断，并对建筑物以后的变形量和变形趋势进行预报，为修正设计参数提供实践依据。

变形分析主要包括两方面内容：一是对建筑物变形进行几何分析，即对建筑物的空间变化给出几何描述。二是对建筑物变形进行物理解释。几何分析的成果是建筑物运营状态正确性判断的基础。

在进行几何分析时，通常需要对观测资料进行如下内容的数据处理：

(1)校核各项原始记录,检查各项变形观测值的计算是否有错误。

(2)对变形值进行逻辑分析,检查是否存在带有粗差的观测值,以便进行必要的野外补测或采取相应的措施。

(3)对作为变形观测数据的基准点稳定性检验的观测成果进行处理,它通常包括观测值是否伴随有超限误差和基准点稳定性的统计检验两个内容。

(4)最终变形值的计算与变形图表的绘制。

(5)根据变形图表,对建筑物运营状态进行描述。

物理解释一般可分为以下两种方法:

(1)统计的方法或回归分析的方法。该方法是通过分析所观测的变形和内外因之间的相关性来建立荷载与变形之间关系的数学模型。

(2)确定函数模型法。该方法利用荷载、变形体的几何性质和物理性质以及应力与应变间的关系来建立数学模型。

在实际工作中,两种方法不应截然分开。事实上,每种方法都包含有统计和解析的成分,对变形体的变形状态作一致了解,有助于在回归分析中建立荷载与变形间的数学关系,而确定函数模型法所建立的模型还可以通过统计分析法来进一步改进。

11.4 竣工测量

竣工测量是指对各种工程建设竣工验收时所进行的测量工作。在施工过程中,设计时可能存在没有考虑到的因素使原设计发生变更,导致工程竣工位置与设计位置不完全一致。为便于顺利进行各种工程维修,修复地下管线故障,需要把竣工后各种工程建设项目的实际情况反映出来,编绘竣工总图。对于城市建(构)筑物竣工测量资料,还可用于城市地形图的实时更新。

11.4.1 竣工测量的内容

竣工测量的内容包括反映工程竣工时的地表现状,建(构)筑物、管线、道路的平面位置与高程及总平面图与分类专业编制等内容。

1)主要细部特征坐标测量

对于主要建(构)筑物的特征点、线路主点、道路交叉点等重要地物的细部,应实测其坐标;对于建(构)筑物的室内地坪、道路变坡点等,应利用水准仪实测其高程。测量精度不得低于相应地形测量要求。

2)地下管线测量

地下管线竣工测量分旧有管线的普查整理测量(简称整测)和新埋设管线的竣工测量(简称新测)。各种管线的测点为交叉点、转折点、分支点、变径点、变坡点、起至点(包括电信、电力的电缆入地、出地的电杆)及每隔适当距离的直线点等。测定这些点位时均应测管线中心或沟道中心以及主要井盖中心。有构筑物的管线可测井盖中心、小室中心等。对于旧有的直埋金属管线,可用经试验证明可行的管线探测仪定位后再进行测绘。测高位置应与平面位置配套,一般测管外顶高或井面高程。

3)地下工程测量

地下工程包括地下人防工程、地铁、道路隧道等，竣工测量内容主要有地下工程的折点、交叉点、变坡点、竖井井座、水井平台的平面位置与高程，隧道中心线的检测，隧道纵横断面的测量等。

4)交通运输线路测量

交通运输线路测量线路拐弯的曲线元素(半径 R、偏角 α、切线长 T 和曲线长 L)的测定、道路交叉路口中心点的测量、道路中心线的纵横断面的测量等。

11.4.2　竣工总平面图的编绘

竣工总平面图指在施工后，施工区域内地上、地下建(构)筑物的位置和标高等的编绘与实测图纸。

1)竣工总图的编绘依据

(1)设计总平面图、纵横断面图、设计变更数据。

(2)现场测量资料，如控制数据、定位测量、检查测量及竣工测量资料。

2)竣工总图的编绘

(1)图幅大小及比例尺的确定。图幅大小以主要地物不被分割为原则，实在放不下时，也可分幅；比例尺的选择以用图者便于使用、查找竣工资料为原则，一般为 1∶00～1∶1000。

(2)总图与分图。对于建(构)筑物较复杂的大型工程，如果将地面、地下所有建(构)筑物都表达在同一图面上，信息荷载大，难以表示清楚，且给用图带来诸多不便。为使图面清晰，易于使用，可根据工程复杂程度，按工程性质分类编绘竣工总图，如给排水系统、通信系统、运输系统等。

(3)竣工总图编绘。依据相关资料编绘竣工总图，编绘随工程的竣工而进行。

工程施工有先后顺序。先竣工的工程，先编绘该工程平面图；全部工程竣工后再汇总编绘竣工总图。

对于地下工程及隐蔽工程，应在回填土前实测其位置与标高，作出记录，并绘制草图，用于编绘该工程平面图。对于其他地面工程，可在工程竣工后实测其主要细部点。

(4)细部点坐标编号。为了图面美观及方便查找，对细部主点实现编号表示，在相应簿册中对应其坐标。

(5)竣工总图的附件。除竣工总图外，与竣工总图有关的资料应加以分类装订成册，便于以后需要时查找。

竣工总图的附件包括：建筑场地周围的测量控制点布置图、坐标及高程成果一览表；建(构)筑物的沉降及变形资料；各类纵横断面图；在施工期间的测量资料及竣工测量资料；建筑场地施工前的地形图等。

思考题

➢ 测设工作与地形测量有何不同?
➢ 测设点的平面位置有哪几种常用方法？分别适用于什么场合？
➢ 变形监测的精度和频率主要由哪些因素决定?
➢ 水平位移监测主要有哪些方法?
➢ 垂直位移监测主要有哪些方法?
➢ 变形监测的数据处理工作主要有哪些?
➢ 竣工测量包含哪些测量内容?
➢ 竣工总图编绘需做哪些工作?

主要参考文献

程效军,鲍峰,顾孝烈,2016.测量学[M].5版.上海:同济大学出版社.

官建军,李建明,苟胜国,等,2018.无人机遥感测绘技术及应用[M].西安:西北工业大学出版社.

河海大学《测量学》编写组,2016.测量学[M].2版.北京:国防工业出版社.

胡伍生,2021.土木工程测量学[M].3版.南京:东南大学出版社.

李天文,龙永清,李庚泽,2020.工程测量学[M].2版.北京:科学出版社.

李天文,2021.现代测量学[M].2版.北京:科学出版社.

刘成龙,2019.工程测量学实践与新技术综合应用[M].北京:科学出版社.

刘基于,2005.GPS卫星导航原理与方法[M].北京:科学出版社.

马玉晓,吴建新,肖东升,等,2015.测量学[M].北京:科学技术文献出版社.

宁津生,陈俊勇,李德仁,等,2016.测绘学概论[M].3版.武汉:武汉大学出版社.

潘正风,程效军,成枢,等,2019.数字地形测量学[M].2版.武汉:武汉大学出版社.

徐芳,邓非,2017.数字摄影测量学基础[M].武汉:武汉大学出版社.

杨本壮,刘武,徐兴彬,等,2016.不动产测绘[M].武汉:中国地质大学出版社.

赵英时,2017.遥感应用分析原理与方法[M].2版.北京:科学出版社.

周廷刚,2019.遥感原理与应用[M].北京:科学出版社.

朱深海,2019.城乡规划原理[M].北京:中国建材工业出版社.